リノベーション まちづくり

清水義次［著］
Yoshitsugu Shimizu

不動産事業でまちを再生する方法

Renovation and Town Management

学芸出版社

はじめに

　人口減少、高齢化、中心市街地の空洞化、増え続ける空き家、自治体の財政破綻、コミュニティ崩壊、世の中がどんどん悪くなってしまうのではないかと懸念される方も多いと思います。実は、私は今あるものを使って創造的にまちを変えていけば、もっと楽しく暮らせる世の中にしていけるのではないかと考えています。ピンチはチャンスです。

　『リノベーションまちづくり』は、大都市、中核都市、小都市内に増大し続けている遊休化した不動産という空間資源をリノベーションして、都市・地域経営課題を解決する方法を書いたものです。すなわち、今あるものを使って、停滞している、衰退しているまちに変化を生み出すプロセスをどうつくり出していくか。自分のまちが手の付けようがないような状態であっても、自分たちの考え方次第、工夫次第でもっと暮らしやすく、もっと楽しいまちになる、自分たちの手でそれをやっていくんだ、そんなプロセスをつくっていくことを記したものです。

　リノベーションとは、リフォームと違ってただ元通りの新しい状態に戻す行為ではありません。リノベーションは、遊休不動産などの空間資源をイノベイティブな新しい使い方で積極的に活用することにより、まちに変化を生み出すことを言います。
　縮退する都市・地域には様々な都市・地域経営課題が存在します。中でも、産業の疲弊は地域を衰退させる主要因と考えられます。産業が疲弊すると生活が成り立たず、人が住めなくなるからです。
　また、自治体の財政難という大きな課題が重くのしかかってきています。そう考えると民間主導の自立型地域再生が必要になってきている、すでにその時代を迎えていると感じるのは自然なことかもしれません。

本書の中身は、私自身が地域再生の現場に入って実施したプロジェクトの体験をもとにして地域を再生するノウハウを紡ぎ出したものです。

　衰退している地域に変化を生み出すプロセスをどう構築していったらよいか、そして地域がどのように再生していったらよいか、次世代、次々世代までも継続する地域にどうやってしていくかをこの本から体得してもらえたら幸いです。

　リノベーションまちづくりは、決して難しくありません。やり方の手順、段取りを1段ずつしっかりと組んでいけば、必ず道が開けていきます。先が少しずつ見えてきます。そして、気づくと共に歩む仲間が傍らに増えています。

　そのためには、これまでの常識を捨て去ることが大切です。道元の言葉で「放てば手に満てり」という言葉があります。今までの考え方やこだわりを捨て、自分自身が現実の社会に真っ正面から向き合って考え行動することが大切です。どんな小さなことと思えることでも、その小さなことからやってみること、そしてその結果をよく観察し、次のステップに進んでいくこと、これが大事です。

　リノベーションまちづくり、楽しいですよ。

清水義次

contents

はじめに　3

第1章
リノベーションまちづくりとは何か　9

01　リノベーションまちづくりは、何のために、何を使って、何をするのか　10

02　まちづくりのプレーヤーは誰か　13

03　民間主導型・小さいリノベーションのプロセス　15

04　公民連携のプロセス　19

05　リノベーションまちづくりの5ヶ年計画　21

06　まちを変えるプロジェクト　23

column 01　結果よりもプロセスに着目する　25

第2章
フィールドワークに基づくエリアマーケティング　27

- 01　まちに出て観察する　28
- 02　リノベーションまちづくりの可能性を見極める　30
- 03　考現学の手法を応用する　34
- 04　スモールエリアを定量的に把握する　37
- 05　スモールエリアと周辺のまちを定性的に把握する　42
- 06　エリアマーケティングとは　49
- 07　ストーリーを編集する　仮説・読解からエリアプロデュースへの展開　52
- column 02　考現学をまちづくりに応用する　56

第3章
まち再生のマネジメント　自立型まちづくりの進め方　59

- 01　現代版家守とは何か　60
- 02　リノベーションまちづくりの具体的な手順　74
- 03　プロジェクトを実行する　事業計画・実施・検証・実行のPDCA　88
- column 03　まちづくり会社マネジメントのための三種の神器　91

第4章
公民連携型・小規模なリノベーション　93

- **CASE01** 北九州市小倉家守プロジェクト
  リノベーションまちづくりの典型　94

- **CASE02** 千代田SOHOまちづくり
  現代版家守事業の始まり　115

- **CASE03** 神田RENプロジェクトとCentral East Tokyo　119

- **CASE04** 家守塾　134

  column 04　HEAD研究会　138

第5章
公民連携型・大規模なリノベーション　141

- **CASE01** 歌舞伎町喜兵衛プロジェクトと吉本興業東京本部の廃校活用　143

- **CASE02** 3331アーツ千代田
  廃校を活用した民間自立型アートセンター　147

- **CASE03** 岩手県紫波町オガールプロジェクト
  公民連携で新しいまちの中心をつくる　152

  column 05　エリアイノベーターズブートキャンプと公民連携事業機構　162

第6章
公民連携型の都市経営へ　165

- 01　公だ民だと言っているヒマはない　171
- 02　0を1にする／小さく生んで大きく育てる　175
- 03　公民の不動産オーナーが連携すれば都市は変わる　178
- 04　都市再生に補助金は要らない　181
- 05　民間主導のまちづくりは何が違うのか　184
- 06　行政の役割は何か　186
- 07　民間の役割は何か　189
- 08　リノベーションまちづくりで都市・地域経営課題を解決する　191
- 09　都市政策と5ヶ年計画の重要性　195
- 10　老朽化した公共施設をどうするか　198

column 06　稼ぐインフラ　201

おわりに──家守事業はどこでもできる　204

第 1 章
リノベーションまちづくりとは何か

01
リノベーションまちづくりは、何のために、何を使って、何をするのか

　21世紀に入って以来、日本の諸都市では建物や公共施設が余るストック社会を迎えています。これらの遊休化したストックを活用するリノベーションプロジェクトは至るところで行われています。しかし、個別にリノベーションプロジェクトが行われているだけでは、まちはなかなか変わっていきません。個別に行われているリノベーションプロジェクトをビジョンを持つまちづくりにつなげていくことは可能でしょうか。もし可能なら、その手法とプロセスはどんなものでしょうか。

　そもそも、リノベーションのプロジェクトやリノベーションまちづくりとは、何のために何を使って何をするものでしょうか。はじめにこのことについてはっきさせることが大切です。

何のため？

　それは、都市・地域経営課題を解決するためです。
　全国の自治体のほとんどは、今（あるいは近い将来）深刻な財政危機に直面しています。歳出の増加、税収の減少、地方交付税ももはやあてにならない状態です。

産業、特に地場産業が疲弊していること。雇用が喪失していること。人口、特に生産年齢人口が減少していること。医療・介護費・生活保護費が増大していること。中心市街地の業務・商業が衰退し、空洞化していること。住宅地の空き家が増加し続けていること。コミュニティが崩壊していること。建物、道路、公園、田畑、森林などの遊休ストックが増大していること。民間の自立心が欠如していること。社会変化に対応する行政のマネジメント力が欠落していること。

これらの深刻な都市・地域経営課題を解決するためにリノベーションまちづくりは行われるものです。

何を使って？

リノベーションまちづくりは地域の潜在資源をフルに活用して行うものです。

大きな潜在資源として挙げられるのが、遊休化した不動産です。遊休化している不動産には民間の不動産と、公共の不動産があります。再生したいスモールエリアを決めて、民間不動産オーナーの所有する空きビル、空き店舗、空き家、空き地などの不動産を活用する小さなリノベーションプロジェクトを起こしていくというやり方があります。加えて、自治体が所有する遊休化した不動産を活用する大きなリノベーションプロジェクトがあります。その地域の再生に取り組むとき、小さなリノベーションまちづくりと大きなリノベーションまちづくりを組み合わせて行うことで、スモールエリアが活性化する、すなわちエリアの価値を高めることができるのです。

資源はまだあります。それは人材です。若いアイディアとエネルギーのある人たち、家庭に潜在している有能な女性たち、元気な退職者たちです。これらの中で、まちなかで新しいシゴトやビジネスを始めたい人たちを見つけ出し、まちなかに誘致してくることがそれぞれのまちの都心部を活性

化させます。
　そして、これらを実行するためには地域の中の志のある不動産オーナー、まちづくりを自律的に行う「家守」、大胆な発想で新しい事業を起こしていく事業オーナー、そして、意欲的な行政マン等の人材資源がチームを組んで取り組むことができれば最強です（「家守」については後述します）。

何をする？

　それぞれの地域においてリノベーションまちづくりの目的を達成する、すなわち都市・地域課題の解決を行います。
　地域には、地域ごとの経営課題が存在します。それは、福祉であったり、教育であったりすることもあれば、コミュニティ再生であったり、商店街の再生を含めた産業と雇用創出がテーマであることもあります。また、これらと関連して自主財源をどうやったらつくり出すことができるかという点が重なり合って地域経営課題として存在します。

　リノベーションまちづくりは遊休化した不動産という空間資源と潜在的な地域資源を活用して、都市・地域経営課題を複合的に解決していくことを目指すものなのです。

02
まちづくりのプレーヤーは誰か

　従来の中心市街地のまちづくりプレーヤーとこれからの時代のまちづくりのプレーヤーは異なってきています。従来は、商店街振興組合等の商業者が中心でしたが、リノベーションまちづくりの主要なプレーヤーは大別すると以下の図の通りです。不動産オーナー、事業オーナー、大学関係者、コネクターとしての家守そして行政です。

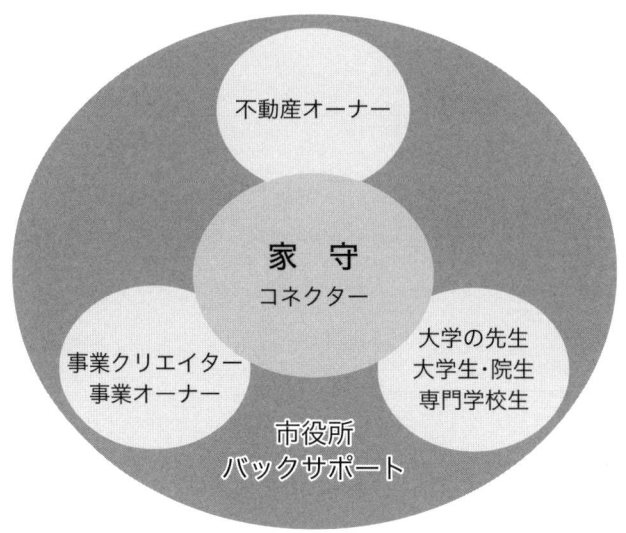

まちづくりのプレーヤー

　これらまちづくりの主要プレーヤーたちの中で、まちなかの遊休化した不動産を活用して行うリノベーションまちづくり事業の意志決定者は、民

間と公共の不動産オーナーの方々です。いくらまちのためになることなのだからといっても、不動産オーナーの同意を得ることなくリノベーションまちづくりの事業を行うことは不可能です。このことを認識しておくことはとても大切です。

　不動産オーナーの次に必要なのは、家守チームです。不動産オーナーの方々は、新しい不動産の運営管理の仕方をほとんど知りません。ですから不動産オーナーに代わり、リノベーションまちづくりプロジェクトを企画し、その不動産を運営管理する組織が必要なのです。家守がその役を担います。

　不動産オーナー、コネクターとしての家守がプロジェクトを企画し、これに事業オーナーたちが乗ってくると、民間主導型リノベーションまちづくり事業がいよいよ始まります。

　さらに、それぞれの地域の大学や専門学校の先生と学生たちが、まちづくりのプレーヤーとして大変重要です。大学なら元気がよく学生の信頼の厚い若手の先生に着目しましょう。面白い先生が一人加わると大学院生・大学生たちがまちづくりの現場に続々と入ってきます。若い年齢層の人たちがまちづくりのプレーヤーとなることで、リアリティのあるまちの近未来がつくり出せます。

03
民間主導型・小さいリノベーションのプロセス

　リノベーションまちづくりのプロセスは、ごくシンプルなものです。それは、たった一つの小さな民間プロジェクトに始まり、それが周囲に連鎖して広がっていきます。その後、公と民が連携する段階へと進化していきます。ただこれだけのものです。どうしたらこういうプロセスを築き上げられるかについて、以下に記します。

　リノベーションまちづくりの基本中の基本は、民間主導のまちづくりです。スタート地点はここにあります。今までのまちづくりは、行政主導で行われてきましたが、リノベーションまちづくりは民間主導の小さなリノベーションプロジェクトから始めていきます。もちろん、民間主導だからといって、民間だけでできるわけではありません。民間で動いていって、行政がバックアップ、サポートをするというものです。

　民間主導の小さなリノベーションプロジェクトのプロセスは以下の手順で行います。

　①志のある不動産オーナーを見つける
　②家守チームをつくる
　③リノベーション事業プランをつくる

④事業オーナー（テナント）を見つける
⑤リノベーション工事を着手する
⑥運営管理を継続する

これが小さいリノベーションプロジェクトの実行プロセスです。

　民間主導の小さいリノベーションプロジェクトを実現するためには、志を持つ不動産オーナーをまず見つけなければなりません。
　多くの都市の中心部では、大量の不動産が遊休化しています。それらの中で、不動産仲介業者を通じて市場に出されている案件は相当数ありますが、そのほとんどが旧来の高い家賃設定のままのことが多いです。高い家賃設定のままでは、家賃負担力のあるナショナルチェーンのテナントしか借りられません。ナショナルチェーンのテナントを悪く言うわけではありませんが、魅力あるまちづくりはその地域の資源を生かした特色あるものであるはずという原則から言うと、資金力にものを言わせて出店してくるナショナルチェーンでは全く不十分です。
　一方、資金力が不足しているものの、その場所に何らかの魅力を感じ出店しようという意気込みのある人たちがいれば、彼らはないものを補うべくあの手この手で工夫していくはずです。そんな今まで中心部に入って来れなかった若くて元気な人たちや家庭にとどまっていた女性たち、元気な退職者の方々を中心部に呼び込むためには、リーズナブルな家賃設定をする必要があります。そのため、志を持ち、まちを愛する不動産オーナーを探し出すことがまず必要なのです。
　志を持つ不動産オーナーが見つかったからといって即リノベーションプロジェクトが実行できるわけではありません。不動産オーナー自らがスペースの運営管理を行うことは極めて難しいからです。そこで、不動産オーナーに代わって、スペースの運営管理を行う家守チームを立ち上げることが必要になります。自主自立型のまちづくりを目指す3人から4人で小さ

な家守会社を興すことが最も望ましいやり方です。

　続いてリノベーション事業計画を立てる段階に入ります。リノベーション事業計画は、暫定利用を前提とすることが多いです。リノベーションの投資を最長5年間以内で回収する事業計画を作成します。

　事業計画、リノベーションプランができたからといってそのまま建築工事に着手するわけではありません。リノベーションプランや模型も見せながら、そのスペースを利用する事業オーナー（テナント）を探すプロセスをまず行います。そして採算分岐点を超える事業オーナーたちを見つけたら、直ちに建設工事に着手します。つまり、テナント先付け方式による建設を行うわけです。

　そして、最も重要なのはスペースがオープンした後の継続的な運営管理です。運営管理がしっかり行われなければ、スペースはやがて空き物件に戻ってしまいます。これでは、元の木阿弥です。

　こうして一つの小さな民間プロジェクトが成功すると、その影響が周囲に出てきます。他の不動産オーナーがリノベーションをやり始める動きがまもなく出てくるのです。最初の成功事例を一つつくり上げるまでが大変です。しかし一つ成功すれば、その後にいくつもの民間プロジェクトが続いて行われるようになります。

　スモールビジネスモデルの実践・成功・伝播という現象が起きてくるのです。これが民間によるまちづくりの力なのです。

　これらの関係を整理すると、以下の図となります。

　民間主導の小さなリノベーションまちづくりの最初の目標は、スモールエリアの中で、不動産オーナーの群、複数の家守チーム、複数の事業オーナー群をつくり出すことです。

　普通、スモールエリア内の不動産所有は、分散化しています。まちを変

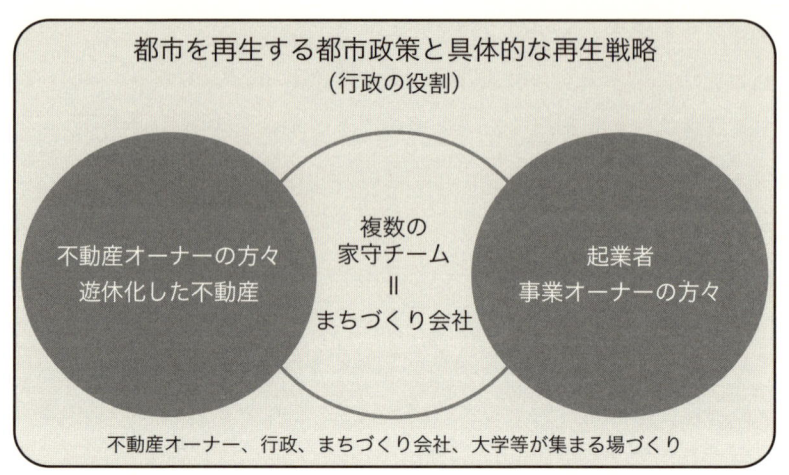

リノベーションによるまち再生に必要な構図

えていくためには、複数の（多くの）不動産オーナーが連帯して同じまちづくりの目標に向かってリノベーションまちづくりを行っていくことが必要なのです。

その際、これをコーディネートし不動産とまちを運営管理する家守チームはできれば複数あったほうが良いです。それは、家守チームごとにそれぞれ特徴が異なることで、多様なまちのコンテンツを呼び込むことが可能になるからです。それにより結果的に面白い多様性がある持続するまちができるからです。SOHOインキュベーション系が得意な家守チーム、アート系が得意な家守チーム、デザイン系が得意な家守チーム、クラフト系が得意な家守チーム、飲食系が得意な家守チーム、医療・介護サービス系が得意な家守チーム、居住サービス系が得意な家守チーム、等々です。

家守チームの特徴に応じて、多種多様な事業オーナーがまちなかに入ってきて、まちが変わり始めます。

そして行政は、都市を再生する都市政策と具体的な再生戦略を練り、不動産オーナー、家守チーム、大学関係者が一堂に集まる場づくりを担っていくのです。

04
公民連携のプロセス

　民間主導の小さなリノベーションまちづくりを始めてしばらくすると、民間で動きをつくり出せばつくり出すほど、公との接点が生まれてきます。いよいよ公の出番です。公民連携すなわち行政と連動してまちづくりを行えるようにするには、どういうプロセスが必要なのでしょうか。

　①都市政策を検討し策定する（行政）
　②民間主導の小さなリノベーションプロジェクトを起こす（民間）
　③スペースの運営管理を開始する（家守チーム）
　④リノベーションスクールを立ち上げる（行政）
　⑤家守会社を複数立ち上げる（民間）
　⑥リノベーションまちづくり推進協議会を組む（半官半民）

　これが民間主導の小さなリノベーションまちづくりを行政が連動してサポートし、公民連携化するプロセスです。

　行政のまちづくりに対する役割は今大きく変わってきました。従来日本では、行政が主導し、補助金を与えることで行政がまちづくりをリードしてきました。しかし、現在、このやり方では疲弊した都市の中のエリアを変えていくことは極めて困難であると公も民も感じているのではないでしょうか。時代は、今までのやり方に代わる新しいやり方を求めているのです。今という時代が求めているまちづくり、それがリノベーションまちづ

くりだと思います。リノベーションまちづくりは、民間主導で動かしていくことが基本です。すなわち民間の発想、民間のお金、民間のチームが主体となり、自分たちのまちを自分たちでつくり、自分たちで守り育てていくという考え方です。

　その際、行政は行政でなければやれないことを行いサポートします。都市政策をつくることと、民間の人たちが活躍できる場づくりを行うことが行政の主な役割です。

　特に、リノベーションスクールの実施効果は非常に大きいものがあります。多くの日本の教育の場では、知識が知識のままで終わってしまい、現実の問題解決と切り離されてしまっています。が、このリノベーションスクールは、実際の空き物件をリノベーションする事業計画を作成する場であるため、スクールでの案件は時間を置かずすぐに実プロジェクト化され、そのままリノベーションまちづくりのエンジンの役割となります。

　また、リノベーションスクールとその実行主体でもあるリノベーションまちづくり推進協議会という半官半民の組織は、不動産オーナー、家守、事業オーナー、銀行、大学関係者等と行政の人たちが集まる"フラットな場"になっています。この場で人と人が知り合い、つながり、リノベーションまちづくりを精力的に展開しているのです。

05
リノベーションまちづくりの5ヶ年計画

　エリアを変えていくためには、通例5ヶ年くらいの期間が必要です。実際にリノベーションまちづくりを行ってみると、5年間は長いようで短い期間です。この間に、今の時代に適したしっかりしたステップを構築していくわけです。

　5ヶ年計画を作成するためには、対象エリアを変えるためにどんなことを行っていったらいいかを考えることがまず必要です。それは、複線型のまちづくりシナリオを考える作業となります。どんなことを行ったら、エリアを変えることができるか、それぞれのことはどんな人たちを巻き込んでいけば良いか、そのためにどんなことを用意したら良いか、期間はどのくらいかかるか、お金はどのくらい必要か、等々を考える作業です。

　そして、これらを5年間分のガントチャート（工程表）に記入してみることです。スタート時点では、三つくらいのことから始めていき、1年間経った頃にさらに項目を増やして、5ヶ年の計画を充実させるというようなやり方がお勧めです。

　項目として挙げられるのが、エリアのビジョンを都市政策化すること、不動産オーナー啓発活動、家守チーム育成、地域の大学との連携、リノベーション可能性案件調査、家賃・地価マッピング、情報発信等々です。それぞれのエリアで必要とする項目を考えて、その項目を担当してもらうチームはどこの誰かを決めて、準備期間、実施期間を入れて5ヶ年のガント

チャートを作成してみましょう。そして、それぞれに必要な年間予算も考えてみましょう。予算が乏しいとき、それをどうやって調達するかについても考えましょう。

　スケジュール、お金とクオリティを管理することがまちづくりマネジメントの骨格です。まちづくりマネジメントのために最もベースになるものが、5ヶ年計画なのです。

　リノベーションまちづくりのガントチャート（初年度）は、下図の通りです。

大項目	小項目	担当	第1ヶ月	2	3	4	5	6	7	8	9	10	11	12
家守構想策定	検討委員人選		←→											
	委員候補者面談			←→										
	委員会開催				■		■	■						
	家守構想策定・発表								■					
対象エリアの選定	ポテンシャル案件調査		←→											
	マップ作成				←→									
	対象エリア決定					←→								
家守チーム育成	家守講座開催						■		■					
	アフターフォロー										←→			
	家守会社組成											←→		
先行プロジェクト	候補案件情報収集						←→							
	不動産オーナー折衝								←→					
	案件決定									■				
	事業計画作成									←→				
	テナント募集										←→			
	採算分岐点到達													
	工事着工													
	オープン													
リノベシンポジウム	シンポジウム企画						←→							
	予算獲得							←→						
	事務局体制づくり								←→					
	会場押さえ										←→			
	講師出演交渉										←→			
	フライヤー作成											←→		
	参加者募集											←→		
	開催													■
リノベーションスクール	スクール企画								←→					
	予算獲得								←→					
	事務局体制づくり										←→			
	会場押さえ											←→		
	講師出演交渉											←→		
	フライヤー作成													
	参加者募集													
	開催													
	プロジェクト化フォロー													
	プロジェクト化決定													
	次回スクール開催企画													

リノベーションまちづくりのガントチャート

06
まちを変えるプロジェクト

　まちを変えるプロジェクトは、エリアを変えるビジョンに沿ったものでなければなりません。まちを変えるコンセプトを背負い、なおかつ事業として継続できるものでなければなりません。

　リノベーションまちづくりは、たった一つの民間プロジェクトから始まります。それがスモールエリアにプロジェクトの連鎖を生み出して次第に広がっていきます。個々のプロジェクト一つ一つが成立し、継続しなければ、リノベーションまちづくりは進展しません。リノベーションまちづくりは、しっかりとした個々のプロジェクトをつくり出していくことが最も大事なのです。また、バラバラに勝手な事業を行っているだけでもダメです。リノベーションまちづくりの場面で、まちを変えていくプロジェクトを実行するためには何が必要でしょうか。

　民間主導でリノベーションまちづくりを行う際、"志と算盤の両立"が必須条件です。リノベーションまちづくりプロジェクトは、まちづくりのビジョンに沿って、ビジョン実現のために行うものです。ただ儲かれば良いというだけのものではありません。

　そして、プロジェクトが継続するためには、時代の流れを読み取りイノベイティブに事業を計画することが求められます。まちを変えるプロジェクトとは、インパクトのある新業態のことです。業種は問いません。既存の業種を大胆に変えたものや、全く新しい業種です。これらが衰退するまちに誕生することが、まちに刺激を与え、変化を生み出すのです。新業態

をつくり出すためには、鋭いマーケティングのセンスと、綿密なマネジメント力が共に必要となります。

　現在の都市の中には、次の時代の新しい命が生まれています。これを掴み取ってマーケティングプロセスを構築することが大切です。そして、マーケティングの仮説に基づいて事業を実行し、それを継続的にマネジメントしていくのです。

　リノベーションまちづくりの原点は、現在の社会の動きをまちに出て観察すること、これにあります。まずは、まちにダイブしましょう。そしてまちの変化を感じ取れるようになりましょう。

　加えて、どんな小さな事業でもいいから、自分自身がリスクを負って事業を経営してみましょう。そこから得られるものはきっと大きいでしょう。たとえ失敗しても、学べることがものすごくたくさんあるはずです。

　リノベーションまちづくりを行う際、まちづくりに資する事業を行い、利益を上げましょう。そして、そこから人件費を賄なったり、さらに利益が蓄積したらそれをまちに再投資していきましょう。

　リノベーションまちづくりの本質は、現在暮らしているまちに飛び込みまちを読み解くことと、そこでイノベイティブな事業を行っていくことの中から形づくられるのです。

column 01　結果よりもプロセスに着目する

　全国各地のまちづくりの成功事例を視察して、自分たちのまちづくりに取り込もうと検討している場面をたびたび目にします。こういうとき、多くのケースで成功事例の結果だけを見て、それを真似しようとすることが多いように思います。しかし、事業の形と結果だけを真似してみても、ほとんどの場合失敗します。なぜなら、そこに成功に至るプロセスが欠如しているからです。

　結果よりもプロセスに着目しましょう。成功事例をつくり上げたプロセスはどうなっているんだろうか。いつ、誰が、どうやって、なぜ、何のためにそのプロセスをつくったんだろうか。自分のまちでやる場合、果たして同じようなプロセスがつくれるのだろうか。どんなことから始めたらプロセスが出来上がるのだろうか。その先はどうしていったら良いのだろうか。こういうプロセスを重視するものの見方、考え方を身に付けましょう。それが民間主導のまちづくりを成功に導く基本です。

　特に、民間主導でプロジェクトを興してまちを変えていこうとするとき、最初から大きな投資ができるわけではありません。小さく生んで大きく育てることが必要です。まずは、志を共有できる家守チームをつくる。そして、まちを変えていく複線シナリオを考える。それぞれのラインの動きをつくり出すために誰を引き込んだら良いか考える。しっかりしたコンセプトを背負った小さなプロジェクトを実行し、成功するまでとことんやり抜く。すると、まちに変化が起き始める。他の不動産オーナーも乗り出してくる。こんな風に、まちづくりの動きに民間の人たちを自然な形でどんどん巻き込んでいくプロセスを生み出すことが大切なのです。そして加わった人たちが自主的に同じ方向を向いて活動するようにしていくと、目指す方向へまちが変わっていくのです。

　どんな立場にある人でも、一人の人間ができることは、ごく限られています。いろんな人たちの力を結集することがまちづくりには必要です。様々な立場にいる人たちをまとめ上

げていくプロセスをどうつくるかが、民間主導・公民連携のまちづくりを成功させるキーポイントです。

　世の中では絶えず結果を出すことが求められます。まちづくりの場面でもそれは同じです。結果を出すこと、つまり成果目標を持つことはとても重要です。しかし、結果を出すことにばかりこだわり、プロセスをおろそかにしていては結果は出ません。成果目標を持ち、結果を出すためのプロセスを考案することが真っ先に大事なのです。そして、その考え方とやり方に沿って一段ずつ積み上げていく努力をしていかなければ結果は出ないでしょう。やみくもに努力することは、全くお勧めしません。他の成功事例を真似てやってみたら、たまに成功することもあるでしょう。しかし、プロセスをよく考えずに出た結果は、次の失敗の元かもしれません。プロセスを考え、実行し、その結果を見ながらプロセスを反省し、改良していくことが次の成功を生むのではないかと思います。

　目に見えにくいプロセスに着目し、成果目標を実現するプロセスをとことん追求していきましょう。そうして考え出した多くの人を巻き込むプロセスのつくり方を実践し、反応を見ながら修正していきましょう。きっと良い結果に結びつくことと思います。

　実際のまちづくりの場面では、何のためにまちづくりを行うのかの目標を定め、目標を実現する複数のプロセスを構築しましょう。一つのラインだけで目標を達成しようとすると、途中で頓挫してしまう危険性があります。複数のプロセスを並行して進めておけば、どこかのラインが活発に動きまちづくりが絶えず進行します。そして、目標が達成できるのです。

複線プロセスで目標達成

第 2 章
フィールドワークに基づくエリアマーケティング

01
まちに出て観察する

　今、時代は大きく変化しています。にもかかわらず、多くのまちで旧来の常識と補助金にとらわれたまちづくりが旧態依然として行われています。それではまちは動きません。衰退するまちを変えていくためには、どうしたら良いのでしょうか。まちを動かし、まちを変える。それは、まちに出てまちを観察することから始まります。

　まちは日々刻々変化しています。シャッター通りとなった商店街の一筋裏側の路地に新しい店や飲食店が、ある日突然開いていたりします。あなたはそういうとき、新しい店を覗いていますか？　立ち寄って中に入ってみていますか？
　まちづくりをする人たちは、自分のまちの変化にちゃんと気づいているでしょうか？　まちの変化に敏感に気づく体質を持つことがまちづくりにとっては極めて大切なことです。まちの変化に気づくためには、好奇心を持ちながらあらゆる通りをよく歩くこと。それも、できるだけ決まったコースを通らずに、毎回違う道筋を歩いてみることが大切です。好奇心を持ってまちを歩き、脚と目玉をフルに働かせてまちを観察することで、新たに生まれつつある小さなマーケットの芽を発見することができます。また、脳に新鮮な刺激を送り込むことができます。これこそが、新しい着想を産む源です。まちを歩き、まちを観察して、まちを体験し、そこからまちの近未来を連想することが、クリエイティブシンキングのできる人をつくり出します。そして、このことが小さなリノベーションまちづくりのプロジ

ェクトを事業として成功させる源になるのです。

　空いているスペースがある、それならテナントを入れればいいと言うだけのものではありません。まちを変えていくためには、そこにクリエイティブな出来事を起こさせることが必要です。今までの流れとは異なる、新しい流れをつくり出すことが大切なのです。

　商店街のように商業一辺倒のまちだったところでは、それとは異なるもの、例えばそこでものづくりが行われるアトリエ兼ショップであったり、SOHO事業者のシェアオフィスであったり、新しい居住形態だったり、飲食業の新業態だったりのようなものを導入することで、それまでとは違う新しい動きをつくり出すことが必要なのです。住宅街に新しい動きをつくり出すには、そこでの人間関係の希薄さを解消するプロジェクトをいくつか計画してみる。例えば、路上で人が交流するオープンカフェや、バールを設けてみたり、民家をリノベーションして縁側付きのデイサービス施設をつくることなどを行うと、変化が生まれてきます。こうしたまちに良いインパクトを与えることを考案するためには、まちに出てまちを観察することが何よりも重要な前提となるのです。

　まちづくりをする人たちよ、まちを歩いてまちを観察するって本当に楽しいなぁ！って感じられるようになってほしい。そこからが楽しいリノベーションまちづくりのスタートです。

渋谷のまちを定点観察（左：ハチ公前交差点、右：渋谷センター街）

02
リノベーションまちづくりの可能性を見極める

　あなたのまちでリノベーションまちづくりは可能でしょうか？　これを見極めるにはどうしたら良いのでしょうか。それにはまず、遊休化した不動産がどのくらい塊としてあるかを掴むことが必要です。

　まちを隈なく歩き、リノベーション可能な案件、つまり潜在的な可能性を持つ案件がどのぐらい密度高く存在するかを読み取ります。表にテナント募集の貼り紙がある物件だけを見て歩くわけではありません。古いビル、空き家、空き店舗、空き地、駐車場などがそのエリアにどのぐらいの数量あるかをまず見ます。下の階が埋まっていても上の階が使われていない建物も数多くあります。中でも、長い間使われていないボロボロの案件、絶体絶命のZ案件が実は宝物です。こうした案件は、家賃が限りなく安く使える可能性があり、また歴史が染み込んだ物件でもあるからです。加えて、公園、道路、公共施設などがどの程度利用されているかも調べます。まちが衰退すると、これらの公共施設も遊休化がどんどん進んでいるのがほとんどのケースで見られるからです。

　このように、民間と公共のリノベーション可能性案件がどのエリアの中にどのくらい密度高く存在しているかを見極めることが、リノベーションまちづくりのためのフィールドワーク第1段階です。こうして、リノベーションまちづくりの候補エリアを決めていくことができます。

一見ボロボロの古びたまちのように見えるところが、宝物に見えてくる瞬間があります。この町並みを生かして、ここに新しいまちのコンテンツが入ってくると、このまちは激変するだろうという予感がする瞬間です。従来は、こういう古びたまちを見ると、古い建物を壊して、そこに新しい建物を建てることばかりを考える人が多かったのです。そうではなく、古い建物を生かして中身の入れ替えを行うという発想が浮かんできます。それが成熟した日本社会の中に出てきている新しい動きです。

　次の図は、北九州市において小倉家守プロジェクトを立ち上げる際に調べたリノベーション可能案件調査です。

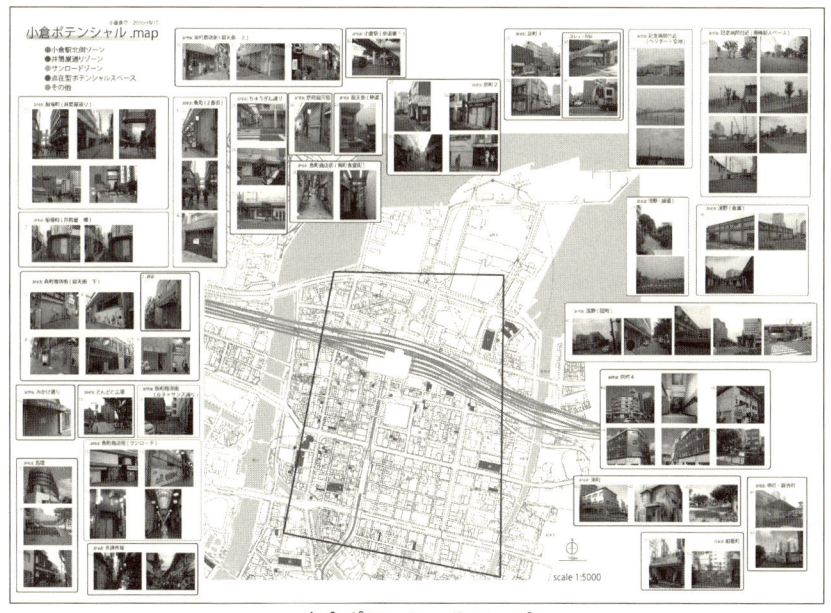

小倉ポテンシャルマップ

　リノベーション可能性案件調査に続いて行うのは、まちの中で新しい芽、すなわち新しいまちのコンテンツが生まれているかどうかを見つけ出すこ

とです。メインストリートから少し外れた裏路地の一角で、新しいまちのコンテンツが生まれていることが多くあります。若い人が古着屋を始めていたり、雑貨屋が開いていたり、カフェや新業態の飲食店をオープンしていたりします。どんなに衰退が激しく進んでいるまちの中でも、こういう現象が見られます。まちは絶えず変化しているのです。

　こういう店を見つけたら、躊躇せずに必ずお店に入ってみましょう。そして、お客さんの観察を行いましょう。また、店主と話をしましょう。どうしてここで店を出したの？　このまちの出身なの？　いつからやっているの？　儲かってますか？と聞いてみましょう。特に、流行っている飲食店だったら並んでその店の味を堪能しましょう。そして、お客さんはどんな人たちなのかを詳しく観察しましょう。

　続いて行うのが、まちの客層の調査です。このまちには、こんなにおしゃれで若い女性客たちがこんなにもたくさんいるんだということを実感したりする場面が数多くあれば、こういうまちはリノベーションまちづくりが成功する確率が高いのです。

　また、昼間の時間帯のまちの観察だけではなく、夜の時間帯のまちの観察を必ず行いましょう。昼間は人通りがほとんどないまちの一角に夜になると人がたくさん繰り出しているケースもあります。空きビルの上層階にスタイリッシュな若い男女で賑わうワインレストランが開いていたりします。そういう店でこのまちにはこんなに素敵な人種とこんな客層がいたんだ！と実感することもあります。まちに出ることを楽しんでいる、その人なりのファッションで、その人なりに食事を、会話を楽しんでいる。こういうまちは、リノベーションまちづくりに向いています。

　遊休化した不動産が集積しているまちかどうかということ、新しいまちのコンテンツが発生しているかどうか、そして、新しいまちの客層がいるかどうかが、実はそのまちでのリノベーションまちづくりの可能性そのも

のなのです。丸1〜2日間まちを歩いて、これらの観察を行うと、リノベーションまちづくりを行ったほうがいいか、行うとまちが変わる可能性があるか、またどのエリアならリノベーションまちづくりが行えるだろうかを見極めることができます。

東京では面白いリノベーションまちづくりができても、地方都市では無理なのではないですか？　人口3〜4万人の小さいまちでも、リノベーションまちづくりはできるのでしょうか？という声を今までにたくさん聞きました。

実は、今まで訪れた日本各地のまちで、リノベーションまちづくりが不可能だと判断したまちは、一つもありません。どのまちもリノベーションまちづくりの可能性の三つの条件、遊休化した不動産がどのくらい塊としてあるか、まちの中で新しい芽が生まれているかどうか、新しいまちの客層がいるかどうか、を満たしていました。あなたのまちでも、リノベーションまちづくりはおそらく可能だと思います。

リノベーションまちづくりが行えるかどうかは、遊休化した不動産が密度高く存在しているエリアを選ぶことが基本です。対象エリアの選定を間違えるとプロジェクトの連鎖が生み出せず、エリアを変えることが困難になります。この点に十分気をつけてください。

ポテンシャル案件を求めて（左：小倉駅裏の倉庫群、右：小倉魚町周辺の映画館跡）

03
考現学の手法を応用する

　まちづくりや個別の不動産活用を考える際、物件の周辺エリアの近未来を読んで、コンセプト（ことばと具体的な形）を考案する必要があります。多くのまちづくり計画、個別の不動産活用は、現在の社会通念によってつくられることが多いです。しかし、まち（世の中）は移ろいやすく絶えず変化し、常に新しくなっています。現在の社会通念に沿って考えた将来像が、予想通りになることはめったにありません。過去20年近くにわたって多くの都市で展開された中心市街地活性化計画が悉くうまくいかなかったことを見てみれば、このことは自明の理です。商業が衰退した。それなら商業を再生しようと考え、アーケードを大改修したり、商業を中心とした再開発ビルを建たり、空き店舗対策事業を行ってみたりして、そこに現時点で家賃が払えそうなテナントを集める。このやり方は瞬間的にはギリギリ成立するかもしれません。しかし商売の盛衰はますます激しく、時間の経過とともに再び空き店舗が増加し、やがてほぼ確実に破綻します。こういう世の中の先を読まない旧来型の無謀だとも言えるやり方から一刻も早く抜け出しましょう！　衰退するまちを変えようとするなら、まずエリアに住む人たちの潜在意識の変化を掴み世の中の潮流に合うエリアマーケティングを行うことが必要です。

　近未来を読むには、考現学（モデルノロジー、modernology）という学問が有効です。考現学を生み出したのは、今和次郎という学者です。1888年青森県弘前市生まれ、考現学、生活学という二つの学問の創始者で、戦前・

戦後早稲田大学建築学科で教鞭をとっていました。1912年東京美術学校図按科卒業後、1917年頃から郷土会へ参加、民俗学者柳田國男らと農村・民家の調査を行っていました。関東大震災後、焼け跡となった東京で、これからどんな生活が再建されていくのだろうかと、復興する東京のまちの観察を始めました。そして、「バラック装飾社」や「考現学」を吉田謙吉らと共に始めました。その研究範囲は服飾・風俗・生活・家政にまで及びました。

　考現学の方法は、街頭において風俗を採集することにあります。都市というフィールドにおける生態学的観察を行い、現代人の生活ぶりを、動物の行動や習性に注目する観点と同じところからみます。そして、統計的手法により観察データをわかりやすく全体的に把握します。また、別の場所、別のとき（季節・曜日・時刻）に調査し比較します。こうすることで、近未来の都市生活者たちのことが先読みできるのです。

　私自身も、大学を卒業した後マーケティング・コンサルティング会社に入社し、考現学的な社会風俗観察を17年間行ってきました。社会の中で、政治や経済など社会の骨格となる硬い文化はなかなか変化しません。それに比べて、社会風俗という軟らかい文化、軟らかい都市文化は日々変わってゆきます。この軟文化のほうを観察し続けると、硬文化に先駆けて社会の変化が解ります。社会風俗観察は、近未来を読み解く上で大変大事なものなのです。

　多くのまちづくり活動では、やっている人たちの志や熱意ばかりが先走りし、まちのフィールドワークを綿密に行ったり、客観的なデータをもとにまちを分析したり、分析に基づきマーケティングを行ったりすることが極めて少ないです。まちづくりを成功に導くためには、考現学的な都市観察を徹底的に行い、対象エリアを客観的に調査、観察し、そしてそれらのデータに基づきエリアマーケティングを行うことがまちづくりの前提条件

となるのです。

エリア調査・分析としては、以下のことを行うことが必要です。
①エリアの定量データ（統計調査）収集 —— 基本中の基本
　　家賃、地価断層調査 —— 家守として必要な調査項目
　　空き物件、遊休不動産調査
②考現学的なまちのフィールドサーベイ
　　定性的把握（クリエイティブシンキングの源）

エリアマーケティングの進め方は、スモールエリアとその周辺のまちのフィールドワークを行い、スモールエリア内の定量的なデータの把握を徹底的に行います。加えて、定性的にまちを把握します。この両者のデータを総合的に分析し、エリアを変えるマーケティング仮説を構築していきます。そして、エリアマーケティング仮説を着実に実行し、お客さんの反応を観察します。反応を観てこれは変だなと感じたら、仮説を修正し再度トライしていきます。後はこれを繰り返し行います。順調に行っているときはそのまま進めていけば良いです。これが、まちづくりを成功に導くシンプルな方法です。

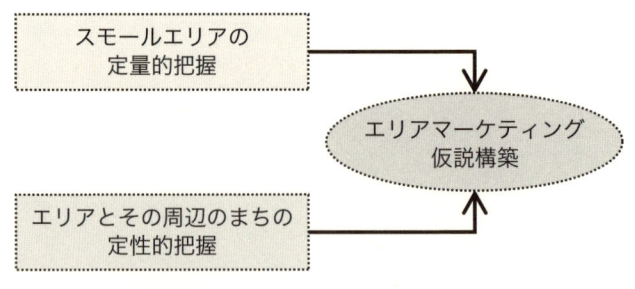

```
┌─────────────┐
│ スモールエリアの │ ──┐
│   定量的把握   │   │
└─────────────┘   ▼
            ╭──────────╮
            │ エリアマーケティング │
            │   仮説構築   │
            ╰──────────╯
┌─────────────────┐ ▲
│ エリアとその周辺のまちの │─┘
│    定性的把握     │
└─────────────────┘
```

エリアマーケティング仮説構築の進め方

04
スモールエリアを定量的に把握する

　中心市街地において従来から行われている通行量調査、商業調査だけではまちの定量的把握は十分ではありません。ストック社会を迎えている今、不動産に関係するあらゆるデータを収集・分析することが大変重要です。オフィスビルの空室率、空きビル、空き家、空き店舗、駐車場等の数量と分布、地価マップ、路線価の推移、店舗、オフィス、住居の実勢家賃等を把握することが必要なのです。それらのいろいろな数字が教えてくれることを、敏感に感じ取り、そこに潜んでいる事実を冷静に読み解いていくことが求められています。

　特に、まちづくりをしようとする対象エリア中に空き物件がどのくらいの密度で分布しているのかを感覚的に把握することは極めて重要です。また、地価や家賃はエリアの中で断層を形成していることが多いのです。エリアの中のメインストリートは地価や家賃が高止まりしています。それに対して一筋後ろ側の道に面したところは地価や家賃ががくんと安くなっています。これがポイントの一つです。こうした家賃断層帯の低い価格帯のところからプロジェクトを興していくと停滞しているエリアを動かしやすいのです。このようにエリア内不動産の全体把握をまず行わなければなりません。

　エリアマーケティングの第1歩は、エリアの調査・分析から始まります。定性的な調査・分析とともに重要なのが、定量的な調査・分析です。対象

となるスモールエリアの各種統計調査を含む定量データの収集と分析は基本中の基本です。

　エリアの定量的把握としては、以下のものがあります。
　国勢調査、商店街調査等の既存データを収集し、スピーディに分析しましょう。

　・人口・世帯数・年齢構成の推移
　・所得
　・通りの歩行者通行量推移
　・店舗数・店舗構成・売り場面積・年間小売販売額推移
　・事業所数推移
　・従業者数推移
　・生産高
　・交通（集中交通量、交通手段別トリップ構成）
　・駐車場台数（駐車場面積）
　・公共施設の分布と利用者数
　・観光施設利用者数推移
　・宿泊客推移
　・主なまちづくり・市民活動団体（組織、会社）
　・主な大学、専門学校　他

　合わせて、エリアの不動産に関係する以下の項目を調査することが大切です。

　・賃料相場（店舗）
　・賃料相場（事務所）
　・賃料相場（住宅）
　・地価（路線価他）推移
　・空き店舗、空き家、空きビル、空き地、駐車場状況（エリア内をくま

なく踏査）

・固定資産税課税額推移

次の図は、小倉魚町周辺エリアの路線価をマッピングしたものです。

路線価をマッピングする（小倉魚町周辺）

丸印の箇所は、路線価が周囲と比べて2段階低いところです。ここがリノベーションまちづくりを興していくとき狙い目の家賃断層帯です。

次の図は、2000年、2005年、2010年の路線価の変化をマッピングしたものです。中心部の地価が下落している様子が一目瞭然になります。

路線価の変化をマッピングする

リノベーション具体案件の効果を周辺へつなげていくためには、これらのエリア調査をもとにエリアを変えていく作戦を考えることが必要です。どの通りのどの地点辺りからプロジェクトを起こしていくのが良いか。その影響圏をどの辺りまでに設定するかを考えます。

特に、家賃断層（家賃が急激に下がる地点）に着目し、家賃（地価）断層帯の家賃（地価）が低いところからプロジェクトを開始することをお薦めします。交通アクセスは至便の場所なのに家賃が安いのですから、古い物件を面白く活用しようと考える人たちにとっては、これ以上の場所はありません。

都市の中心部においては、道路、駐車場、空き地、公園と公共施設の敷地が占める面積は本当に大きいものがあります。これらのオープンスペースと公共施設をどう活用するかは、まちで暮らす人たちの生活に大きな影響を及ぼします。これまで車中心に計画され、使用されてきた道路を、歩行者や自転車が使えるように変えることで、まちが賑わい、活性化することが可能になります。また、利用度の低い公園や公共施設の使い方をくふうすることで、より豊かな暮らしが実現します。

次の図は和歌山市の中心部ぶらくり丁界隈の駐車場・空き地をマッピングしたものです。エリアの過半が、駐車場、空地と道路、公園、公共施設

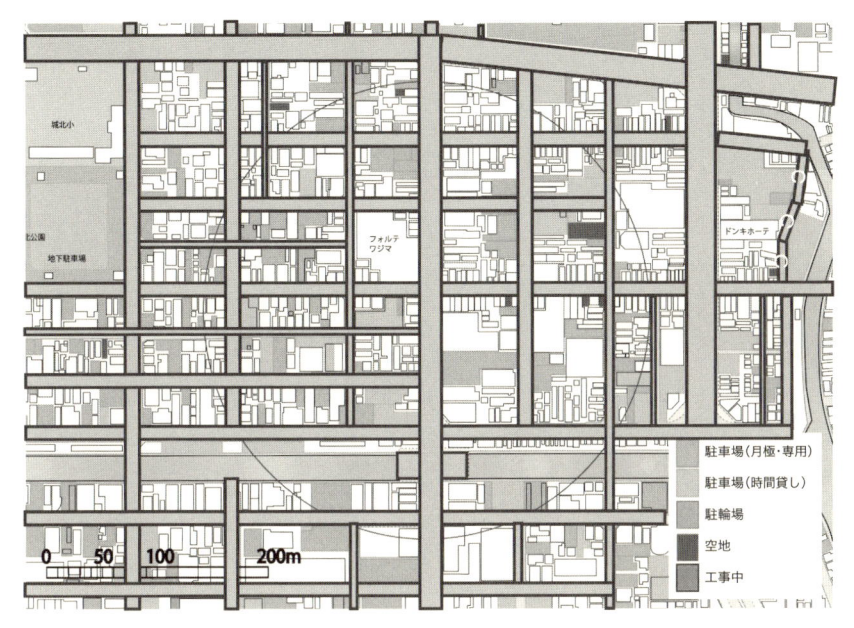

ぶらくり丁界隈の駐車場・駐輪場・空き地・道路・公園・公共施設の状況

で占められています。

　こういうマップを作成すると、まちの中心部において、どのくらい駐車場化が進行しているか、一目瞭然です。また、道路、公園など公共が所有する不動産がまちの中心部に大量にあることがわかります。公共は、まち最大の地主でもあるわけです。

　民間の駐車場と道路、公園などの都市施設を公民の境目なく一緒に考えながら、どのようにこれからの時代に合った使い方にしていくか、そしてまちを変えていくかが、まさに今の時代のテーマなのです。

05
スモールエリアと周辺のまちを定性的に把握する

　まちのトレンドを捉えるまちの定性的な把握は、まちに出て、まちと人を観察することから始まります。そして、観察結果を比較、分析することによって、まちが変化する傾向や流行、人々の意識の変化の兆しを掴むことができるのです。

　エリアマーケティングを行うためには、統計調査、家賃・地価断層調査に加えて、対象エリアの考現学的フィールドサーベイを行うことをお薦めします。残念なことですが、多くのまちづくり関係者はほとんどまちを歩いていません。自分が住むまち、国内外の面白いまち、元気なまちのフィールドサーベイを行うことで、近未来のまちの姿やまちのコンテンツをリアルに考えることができます。とにかくまちを歩きましょう！また、昼間だけでなく、人々がリラックスし、人間の自然体の姿が現われる夜のまちのフィールドワークも極めて大切です。

　軟文化は硬文化に先駆けて、いちはやく社会変化の兆しを表します。路上観察やインターネットの窓を通じての観察により、都市生活者の頭の中に起き始めた小さな意識の変化の兆しを掴む。そして、他の現象との関連性を検証することがまちづくりの肝です。
　まちづくりや、個別の不動産活用を考える際、物件の周辺エリアの近未

来を読んで、コンセプト（ことばと具体的な形）を考案する必要があります。特に社会が大きな変化の真っ只中にある今、不動産事業は何十年か先の世の中を先読みして行わなければなりません。建物は一旦建てると、長く続いていくものだからです。エリアに住む人たちの潜在意識の変化を掴み、世の中の潮流に合うエリアマーケティングを行うことが大切です。

　定性的なまちの把握は、誰でも日常的にまちを歩きまちを観察することによって、楽しく簡単にできることです。自分の住んでいるまちでも、日々歩くコースを変えて、どんな小さな路地裏でも歩いてみることが面白い発見に導いてくれます。行ったことのないまちに行く機会があったら、どんな道を歩いていても、どんな人と出会っても、新たな気づきの連続です。眼だけでなく、耳や鼻をきかせて浮き浮きしながら通りを歩き回る。しばらくそうしているうちに、まちで今起こっていることの中に何か新しい現象の芽が見えてくることがあります。

　まちなかでは小さな変化が毎日起きています。路地裏に新しい面白い店ができていたり、面白い人たちが集まり始めている場所があったり、不思議な食べ物が流行り始めていたりします。これらのまちの社会風俗を観察し、小さな変化に気づく感性を身に付けることがまちづくりを行う上で極めて大事です。小さな変化の中にやがて世の中を動かす、まちを動かす大きな変化の芽が潜んでいるからです。まちの中に起き始めた小さな動き、都市生活者の頭の中に起き始めた小さな意識変化の兆しを掴む。そして、他の現象との関連性を検証すると次の時代が読めることがあります。そんな例をいくつか挙げてみましょう。

飲食業の新業態

　全国のいろいろな都市に出かけていくとき、ちょっとした時間に通りや路地裏を散歩してみるのが好きです。まちを歩き、観察することで新たに

生まれつつある小さなマーケットの芽を発見することができます。各都市で最も多く目にするのは、各都市の中心部の裏路地に、新しい業態の飲食業が次々に出店し、集積化している現象です。北九州市小倉魚町3丁目周辺では、夜の時間帯、昼間は閑散としている通りに人がいっぱいいます。深夜0時すぎまで、この辺の新業態の飲食店にはかっこいい20歳代から30代の男女がいっぱいたむろしています。わずかこの2～3年の出来事です。こういう場所が各都市に必ずといっていいくらいできているはずです。飲食業は、一種の製造販売業です。原材料を仕入れ、これを工夫し加工することで大きな粗利が期待できます。店の雰囲気を良くして、サービスが良ければ、リピーターがまた訪れてくれます。一つの店舗が流行れば、その周辺に次々に新しい様々な業態の飲食店が出店してきます。

　民間の新しい試みが起きて、それが成功すれば、それは伝播してスモールエリアはどんどん変わっていくのです。

アート＆クラフトマーケットの萌芽

　奈良県大和高田市、近鉄高田市駅近くの片塩商店街、朝9時開店早々の毛糸屋さんに中高年の女性客が行列をつくっています。開店すると店内は20人くらいの女性陣が熱心に編み物をし始めて、早くも満席です。手芸が趣味という人たちがこんなにたくさんいるなんて驚きです、しかも朝早くから。

　これは、大和高田市だけの現象ではありません。北九州市小倉魚町でも、空き店舗だったワンフロア約150坪のビルの2階ワンフロアがものづくりをする人たちのショップ兼アトリエに変わりました。ポポラート三番街と言います。総人数71名がここでものづくりをして、つくった物を販売しています。これも製造販売業の一種で相当額の粗利を稼げます。また、さらに余力がある人は、ネット販売で売り上げを伸ばすことも可能です。全国的にこういうアート＆クラフトマーケットが着実に成長しています。

まちが変わるきっかけ

　大分市の中心市街地中央町、醤油屋の倉庫をギャラリー、カフェ、ショップに変えた「アート系複合スペース the bridge（ザ　ブリッジ）」。周辺の古い建物のリノベーションプロジェクトが続いています。この界隈にも変化の兆しを感じます。

　和歌山市ぶらくり丁界隈、文房具カフェ「スイッチ」という素敵なカフェがあります。同じ建物の２階に、シェアオフィス「コンセント」がオープンしました。ここからまちが動き始めるかも知れません。

　岡山市問屋町、ここは岡山市の郊外部に卸問屋団地としてつくられたまちです。この卸問屋団地エリアが近年新しいまちとして蘇りつつあります。面白いカフェ、センスの良いショップ、クリエイターたちのオフィス等が卸問屋街に集積し始めています。集積化に伴い、低かった家賃も着実に上昇し始めてエリアの価値が復活し始めています。こんなまちには、エリア価値を高め、これを維持する人と仕組みがきっと存在しているはずです。

賑わいの源

　岩手県盛岡市朝４時30分、住宅街の中の広い駐車場にたくさんの車と人が押し寄せています。ここでは1977年６月以来ずっと続く神子田の朝市が行われています。朝市は、近年ますます賑わっています。お客さんは地元の人たちだけでなく、観光客も混ざっているようです。神子田の朝市はお正月の何日間を除き１年中ほぼ毎日オープンしています。出店者の数は約180店。高齢の男女がほとんどです。店舗を開いている人たちだけですでに200〜300人が毎日集まっています。これが"賑わいの源"です。各地の朝市、夜市を見ていると同じことを感じます。賑わいの源がそこにあるから、その魅力に引き寄せられて人が集まるのではないでしょうか。こ

うした現象も、とても面白いものです。

ナイトタイムエコノミー

　日中のまちの観察だけでなく、夜のまちへダイブしてまちの観察を行う日々を過ごしています。皆さんは、まちに出て昼間に使うお金の額と、夜使うお金の額を比べたことはありますか？　夜のほうが昼よりもリラックスして、より人間的な行動がしやすくなるのかもしれないと思いませんか？　夜間のほうが財布の紐が緩みやすくありませんか？　ナイトタイムエコノミーは、これからのまちづくりの最重要項目の一つだと思います。
　なお、ナイトタイムエコノミーをテーマにする際、清掃と治安を良い状態に維持することが大前提になることは言うまでもありません。

インターネットの窓を通じての社会風俗観察

　こうした路上観察だけでなく、インターネットの窓を通じての社会風俗観察も可能です。東京の主要ファッションエリア、原宿・渋谷・表参道・代官山・銀座において毎週行っている定点観測的ストリートスナップがア

北九州市小倉の夜のまち

ップされるwebサイトは、東京ファッションの"今"がわかります。また、路上観察で気づいた現象を、キーワードに置き換えて検索すると、その現象の広がりがチェックできます。本当に便利な世の中になったものです。

　フィールドワークはクリエイティブ・シンキングの源です。マーケティング調査と言えば、はじめに仮説を立てそれを検証していくことが一般的ですが、果たしてこのやり方でいいのでしょうか？　消費者の嗜好が多様化し、商品・サービスの差別化が困難になる中で、「消費者はこういうものを欲しているはずだ」と仮説を立てるこれまでの思考プロセスでは、なかなかイノベーションを生み出すことはできません。その壁を打ち破る手法としてフィールドワークが注目されているのです。フィールドワークは、仮説を発見するためのアプローチ方法です。まず現場に入り込み、先入観を持たずに観察やインタビューなどを行います。そして、収集した生のありのままの情報の中から、新たな仮説を見いだしていくのです。

　まちを歩いてまちを観察するって本当に楽しい。まちにダイブし、楽しみながらまちのフィールドワークをやってみましょう！

まちを歩き、人とまちを観察する重要性について

　人間は誰でも1日24時間しかありません。その中で、毎日好奇心を持ってまちを歩き、まちを観察し、常時、脳をリフレッシュすることが極めて重要です。また、年配の方は若い人たち、お子さんたち、お孫さんたちと会話し、彼らが今どんなことに関心を持っているのかを知り、それを試みることが必要です。
　社会文化は、植物の毛細管現象のように、たえず若い世代の文化を吸い上げながら若返り続けています。社会変化を自分の身体に自然に吸収する暮らしを心がけてみましょう。

そのツボは以下の通りです。
・毎日歩くコースを変える
・時間が少しでも空いたら知らない路地を入ってみる
・1ヶ所に立ち止まって、座り込んで街行く人を観察する
・時間帯を変えてまちを観察する
・面白いもの、面白い店を見つけたら、必ず立ち寄ってみる
・類似する事例を体験してみる
・そして、中・長期トレンド化する動きを掴みとる

　どんな人も1日24時間しか持っていません。まちの中で暮らしながら、この24時間を有効に使い続けましょう。その中から、新しい発見がきっとありますよ。

06 エリアマーケティングとは

　エリアの定量的把握と定性的把握を行った上で、個別のプロジェクトに取りかかるわけですが、その際には、消費財、サービス材の商品開発・販路開拓の場面で行われているマーケティングプロセスを構築することが必須です。

エリアの価値を高めるためのプロセス

　エリアマーケティングとは"エリア価値"を高めることを目的とし、アイデアや財やサービスの考案から、価格設定、プロモーション、そして流通に至るまでを計画し実行するプロセスです。すなわち、誰に（想定顧客ターゲット）、何を（商品とサービス）、いくらくらいの価格帯（ポジショニング）で提供するか、またプロモーションをどうするかを考えることです。

　フィールドワークを応用してエリアマーケティングの仮説を立てる具体的な例として、スモールエリア内の空きビル、空き店舗、空き地等を有効活用し、事業オーナー群を呼び込み、エリア価値を高めるときの、マーケティング仮説の立て方は以下の通りです。消費財のマーケティング仮説を立てるときと全く同様に考えればいいのです。

①誰を想定ターゲットにするか？（顧客ターゲットの想定）
②どんな価格帯か？（ポジショニングは？）

③どんな商品・サービス、業態か？
④流通ルートは？
⑤プロモーション（情報の出し方）は？

　エリアを変える際、どういう顧客層をターゲットと想定するか、これがとても大切です。ターゲットによって、価格帯、提供する商店やサービスが異なってくるからです。北九州小倉魚町で行っている小倉家守プロジェクトでは、アート＆クラフト系のものづくりをしている女性をターゲットと想定しました。今まで家の中で行っていたことを、まちの中心部でできるようにしました。つまり、妥当な家賃で借りられるアトリエ兼ショップスペースを古いビルの中に用意したのです。そして、手づくり市やアートマーケットの会場へ出向き、候補者の女性たちを選び出し、説明会を開いて集めていきました。その結果、約50名の人たちが集まり、ポポラート三番街という賑やかなスペースが誕生しました。

　これらのマーケティングの仮説を立て、プロジェクトを実行し、反応を観察し、修正するサイクルを成功するまでやり抜くことが必要です。
　【エリアマーケティング仮説 ➡ プロジェクトの実施 ➡ 集客 ➡ 検証 ➡ フィードバック】これがまちづくりのPDCAサイクルです。

　エリアの定量的把握と定性的把握を行い、それらをもとに個別のプロジェクトのマーケティング仮説を構築し、エリアマーケティングプロセスをしっかり実行すると、まちづくりは成功する確率が高まります。反対に、エリアマーケティングを考えることのないまちづくりは失敗に終わるでしょう。

スモールエリアの設定

　まちづくりを行う際、どこからどこまでを対象エリアとして設定したら

良いか悩んでいる方が多いと思います。日本のまち、世界のまちを歩いて感じることは、同じキャラクターを持つエリアはごく限られた小さな範囲だということです。

　エリアマーケティングを行う際、まずエリアを定義しておきましょう。特徴あるスモールエリアをつくるには、半径200m、直径400mの範囲をスモールエリアと設定します。端から端まで徒歩（分速80m）5分の範囲です。特徴のあるエリアは、世界中の都市を歩いてみてもこのくらいのサイズです。今の日本では、諸都市の中心市街地活性化エリアの設定を見ると、エリアの設定が無謀に大きすぎます。何百haもある中心市街地のエリア設定を行っている都市が数多くありますが、これではリアリティのあるまちづくりを行えるはずもありません。半径200mの特徴あるスモールエリアをつくることをまず目指しましょう。そして、そのエリアに特徴のあるコンテンツを凝集させていきましょう。そうすることでエリアのキャラクターが、際立ってきます。特徴のあるエリアがいくつも連なっていけば、後々、次第にもっと広い範囲にまで面白く楽しいまちが展開していくこともできるのです（対象エリアの設定については、次章で詳しく記します）。

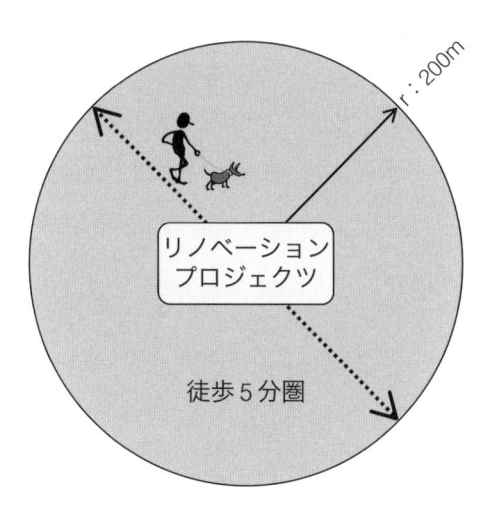

スモールエリアの設定

07
ストーリーを編集する
仮説・読解からエリアプロデュースへの展開

　エリアマーケティング仮説に基づいて個別のプロジェクトを興していった後、スモールエリア内に連鎖的にプロジェクトが発生してきます。それらを一つのビジョンに沿って統合的に動かしていくことをエリアプロデュースと呼びます。ではエリアプロデュースをするには、どうしたら良いでしょうか。まちづくりのビジョンを構想すること、具体的なリノベーションを行う遊休不動産の目利き、さらには事業スキームの組み立て、これらを総合的に編み込み、全体のストーリーをつくるにはどのようにしたら良いのでしょうか。

　エリアプロデュースは実際のまちの中で各々のプロジェクトが実現していくことで進んでいきます。個別のリノベーションプロジェクトが実現し、それらが連鎖的に起こり、互いが影響しあうことで、エリアがある方向に変化し始めるのです。

　このようにリノベーションまちづくりの動きをつくり出し、さらに目標とする方向に全体が動いていき、実際にまちが変化するためには、
　①エリアが変わるべき方向性を提示すること
　②複線型まちづくりシナリオを描くこと
　③まちづくりに関わるプレーヤーが集まる場づくりをすること
が必要です。

エリアが変わるべき方向性を提示するやり方を、実際の例で記します。

小倉家守プロジェクトのもとになった東京の神田裏日本橋エリアでは、CET（セントラルイースト東京）というアート・デザイン・建築イベントが毎年2003年から2011年まで開催され、地域プロモーション活動の中軸となりました。（CETについては後述します）同時にこのイベントがエリアの変わっていく方向性を指し示す役割を担いました。その結果、ギャラリー、カフェ、レストラン、雑貨屋、自転車屋などのショップおよび各種のクリエイターのオフィスと住居が集積するまちづくりが自然に展開するようになっていきました。

北九州市の小倉家守プロジェクトでは、まず、都市の課題を解決する「小倉家守構想」を検討し、策定しました。何のためにリノベーションをするのか、またその際どういうコンテンツをまちに入れ込むのかというリノベーションまちづくりの方向性を「小倉家守構想」としてはっきり指し示しました。つまり「小倉家守構想」のもとに、各リノベーションプロジェクトを位置づけたのです。これが極めて大事なことで、その重要性は時間の経過とともにさらに高まっています。

複線型まちづくりシナリオを描く

神田裏日本橋エリアの再生プロジェクト「神田RENプロジェクト」では、個別のリノベーションを全体として一つの方向性を持つリノベーションまちづくりにまとめ上げていくやり方として、複線型まちづくりシナリオの構築という手法をとりました（神田RENプロジェクトについては後述します）。それは、まずそれぞれのまちで、継続的なまちづくりのために必要な要素は何かを考えることから始めました。

拠点（まちづくり関係者が集える場）づくり、エリアプロモーション（地域からの情報発信）活動、大学との連携、リノベーションの成功事例

（スモールビジネスモデル）づくり、家守チーム育成、市民ファンド組成、公共施設活用等々の考えられる要素をまず挙げてみることが重要です。

続いて各項目に対して最も適切なプレーヤーは誰かを考え、見つけ出します。そして、それぞれの方とよく話し合い、役を割り振ります。そして、それぞれのプレーヤーたちがそれぞれのパートを自主的に楽しみながら、一つずつ異なるペースでまちづくりを進めていってもらうわけです。

このやり方の特徴は、いくつものプロジェクトが同時並行で行われていくことで、まちづくりが絶えず目に見える形でまちの中で進行していくので、停滞することなくまちづくりが継続されることです。

プレーヤーが集まる場づくり

各々のリノベーションまちづくりプロジェクトを育てるために大切な装置は、まちづくりに関わるプレーヤーが集まる場づくりです。志のある不動産オーナー、リノベーション建築家、起業家を呼び込む家守、大学の若手の先生と学生たち、行政の各部門の担当者というリノベーションまちづくりのプレーヤーたちが一堂に集まり、フラットな立場で議論する場を用意することが、極めて大切です。

神田RENプロジェクトでは、神田駅西口近くに設けたREN BASE UK01というまちづくり拠点と問屋街の空きスペースを使って毎年10日間開催されたCET（セントラルイースト東京）というアート・デザインイベントが、まちづくりに関心を持つプレーヤーたちが集まる場として機能しました。

小倉家守プロジェクトでは、リノベーションスクールとリノベーションまちづくり推進協議会がラウンドテーブルの役割を担い、ここで活発な議論が行われています。実際に関係者が集まる場は、フォルム三番街という拠点です。

気軽な場が構築されると、この場を中心として様々なヒューマンネット

ワークが形成されます。そして、スモールエリアの中に家守会社（自立型まちづくり会社）がいくつも組成されてくることで、プロジェクトの連鎖がつくり出され、まちが変わり始めます。そして、それぞれのプロジェクトが互いに響きあい、どんどん広がりを持つことで、次第にまちが変わっていくのです。

　動くまちづくり、変化をつくり出すエリアプロデュースを行う際に大事な心構えは、以下の通りです。

- 常識を捨て去ろう！→近未来を見る独自の着眼点を持ちましょう！
- アタマでっかちになるな！→実践・体験し考えましょう！
- 事業をやってみよう→起業しましょう！
- 補助金に頼るな！→民間主導で公民連携しましょう！
- スタンスを決めよう！→地域との関わり方をはっきりしましょう！
  - ・自分が住んでいるまちでまちづくり
  - ・しばらく住んでまちづくり
  - ・遠隔プロデュースでまちづくり

  各々について公or民の立場でまちづくりをやってみましょう！
- 新しい拠点（人が集まるところ）をつくり、出発しましょう！

　エリアをプロデュース＆マネジメントし、不動産活用をする機能が今、まちで求められています。個々の建物をリノベーションし、利用していくときに、単独のプロジェクト（点）に終わらせず、エリア（半径200m〜300mくらい）内で、点を面にしていきます。次に、公共性があり、継続性を持つ活動へと発展させていくステップを築き、そのプロセスをプロデュースすることが必要です。不動産オーナーの方々と一緒に、敷地主義を廃して、エリアとしての価値を高めることに目を向ける活動をしていきましょう。「敷地に価値なし、エリアに価値あり」です。このことばを、特に地域の不動産オーナーの方々に伝え続けていきましょう。

column 02　考現学をまちづくりに応用する

　私は大学を卒業し、マーケティング・コンサルティング会社に勤めました。企画室に配属され、そこで17年間、本格的な社会風俗観察を行い続けました。今和次郎がつくった"考現学"をそのまま実行していたのです。考現学は、都市の生活を観察し、スケッチし、採集した情報を分析する学問です。関東大震災の後の焼け野原になった東京でどんな新しい生活が形づくられたのかを記録したかったことから始まったそうです。そして、その観察の向かうところは際限がありません。焼け跡に建てられるバラックの観察。銀座の通りを歩く人たちの通行量、男女比、職業、時間による変化、腕の組み方、歩き方、口元、目の表情、服装、和装、洋装、帽子、傘、履物、アクセサリー、柄、色、衿の形、髪型、櫛、化粧といった微に入り細にわたる観察。カフェの観察。露店の観察。本所深川の男の欲しいもの、女の欲しいものの値段一覧。ガラスの割れ方と補貼の仕方。欠けた茶碗の形。自殺の名所だった井の頭公園の自殺場所の分布等々、関心のおもむくままに観察し記録し分析しました。ちょうど生物学者が野外で植物や昆虫を観察するように、まちに出てヒトやモノを仔細に観察し分析したのです。

　マーケティング・コンサルティング会社で行っていた現代の考現学は、移りゆく世の中のトレンドを感じ取っている人たちのインタビューをもとにして、都市で起きている様々な現象を現場に出かけて観察し、写真、ビデオに撮り、やっている人、来ている人にインタビューします。東京や大阪などの大都市での観察がメインで、時々田舎にも、海外にもカメラとテープレコーダーを持って出かけていきました。そして、6ヶ月ごとに撮り溜めた膨大な量の映像データをオフィスのブレーンストーミングルームのスクリーンに映して、寝ころがってこれを眺めながら、何かの動きが掴み取れるかどうかを議論しながら探ります。こうした気が遠くなるような作業の過程で、時々、世の中に芽生え始めた面白い動きを見つけ出すことができます。それら

は、次第に成長し、やがて社会の潮流に育っていきます。"時間消費"と呼ぶべき現象を渋谷のまちの観察で見つけ出したり、"自己実現欲求の高まり"を様々な小さな現象をつないで発見したりできたときもあります。マンガのような小さなサブカルチャーが巨大なマーケットに育つことも、しっかり掴み取ることができました。こういうときは、仕事の喜びを味わいました。

　この考現学的社会風俗観察の経験がリノベーションまちづくりを行うときの糧になっています。どこのまちに出かけるときも、絶えずまちを行き交う人間や、お店や、食べ物や、流行っていること等々を観察し続けています。都市、時間帯、季節を変えて、観察する中で、次の時代の潮流になるかもしれない小さな兆しが浮かび上がってくることがあります。そういう兆しを掴み取れるかどうかが、まちづくりの場面では重要なのです。まちは、未来に向かって育てていくものだからです。過去と現在に止まっているまちづくりは、すぐに陳腐化し、衰退への道に陥ってしまいます。考現学的な観察を行い続けて、身体でまちを感じ取り、まちの変化に気づく。そして近未来を察知する力をまちづくりの様々な場面で応用していきましょう。

　旅に出てまちを観察することが、日本のまちのことを考えるヒントをたくさん与えてくれます。デンマーク、オランダ、フランスのまちで近年自転車利用者がますます増え続けています。自転車の専用レーンや大きな駐輪場も整備されて、移動手段として重要なものになってきました。

パリのレンタサイクルシステム

自動車の通行を制限して歩行者空間化した道（イタリア・レバント）

第2章　フィールドワークに基づくエリアマーケティング　｜　57

レンタルサイクルシステムも普及してきました。

　道と広場が都市生活者のためのまちのリビングルームとしてとても良く機能している様子がイタリアの小さなまちで観察できます。日本のまちもこんな風になってほしいなぁと思います。車が跋扈するまちから人が歩いて楽しめるまちに変わる時代を迎えていると感じます。

　スマートグロースシティとして名高いアメリカのオレゴン州ポートランドのまちも興味深いものがたくさんあるまちの一つです。市の中心部のオフィス街近くの公園には、小さな子供とお母さんたちがいっぱい遊んでいます。職住近接のまちっていいなと思います。ビジネスマンはほとんどがスニーカーを履きノーネクタイです。自転車通勤する姿も多く見られます。市内数ヶ所で開かれているファーマーズマーケットには、近郊でとれたおいしい野菜や果物が並んでいます。川べりの公園をランニングする人、パークヨガをする人、サイクリングする人、健康なライフスタイルが垣間見られます。おいしいパン屋さんがあり、ビストロではおいしい地元産のワインが飲めます。自家焙煎のコーヒー屋さんや、マイクロブルワリーや小さな自転車メーカーがたくさんあります。都心部には、世界的なデザインコンサルタント会社のクリエイティブなオフィスがあり、郊外にはナイキやインテルなど巨大企業のキャンパスがあります。これが近未来の地方都市の姿かもしれません。

川沿いの公園でジョギングを楽しむ市民（アメリカ・ポートランド）

都心部の公園で開かれるファーマーズ・マーケット（アメリカ・ポートランド）

第 3 章
まち再生のマネジメント
自立型まちづくりの進め方

01
現代版家守とは何か

　疲弊しているまちを再生するためには、どんなやり方が有効なのでしょうか。全国各地で行われている様々な活動の中に、今の時代に適合したいくつかの有望な手法があるのではないかと思います。ここでは、私自身が2002年から関わってきた"現代版家守"によるまち再生のマネジメントとその実践手法について記します。家守としてやってきたことは、そのまま「リノベーションによるまちづくり」でした。

　「現代版家守」は一言で言うと、都市活動が衰退したエリアで、空きビル・空き家・空き店舗などの遊休化した不動産を上手に活用してまちの維持管理をしながら、その地域に求められている新しい産業をつくり、雇用を生み出し、まちを変えていこうとする活動を行う職能です。
　そもそも「家守」とは、落語に出てくる長屋の大家さんのことです。江戸時代、不在地主に代わって家屋を管理する役割を担い、店子から持ち込まれたありとあらゆる面倒ごとの相談に乗ったりして、店子に慕われていたそうです。江戸後期、家守が2万人余りいたという記録が残っています。当時、江戸のまちの町人は人口60万人ですから、30人に1人の割合で家守がいて、まちの維持管理をしていたのです。町人が自分たちのまちをつくり守るために、幕府からお金をもらわずに独自にそういう仕組みをつくっていました。
　つまり、「現代版家守」とは、衰退エリアで空きビルや空き家を活かして産業を起こす「長屋の大家さん」のようなものです。これを現代に蘇らせて、

民間によるまちづくりに活かそうと、2002年からチームを組んで実行してきました。

「現代版家守」の取り組みを始めたきっかけは東京・神田の問屋街再生に関わったことです。東京では1990年代の終わり頃、六本木ヒルズをはじめとした巨大ビルの再開発事業を目前にしてオフィスビルが供給過剰になる「オフィスビルの2003年問題」が取り上げられるようになっていました。東京都千代田区では、かつての問屋街である神田・裏日本橋エリアが衰退しつつあったことから、「千代田SOHOまちづくり検討委員会」を開いて、老朽化した小さい空きビルにSOHO事業者を誘致する構想を策定しました。その構想を実現していくところでお声がけをいただき、検討チームに加わりました。これがきっかけです。

2002年に開かれたその検討委員会で、当時千代田区の職員をされていた小藤田正夫さんという歴史研究家の方から、江戸の「家守」のことを伺いました。「まちづくりは民間がやるものだ」とずっと以前から言い続けていたので、すぐに「これだ！」と思いました。そこで、江戸の家守を現代に蘇らせる「現代版家守構想」としてプロジェクトチームをスタートさせることになりました。

翌2003年に、神田・裏日本橋エリアの遊休不動産を活用して地域に新しい人材を呼び込み、持続型の産業創造を行うことを目的とした、神田RENプロジェクト（Regeneration Entrepreneurs Networks）がスタートしました。

江戸時代には家持の家守（不動産を所有する家守）と普通の家守（不在地主の土地、家屋を管理する職業）がいて、町人が、町人のお金で、町内のマネジメントをしていました。これを現代に置き換えると、家守（民間型まちづくり会社）事業の3本柱となります。

①エリア価値向上型の遊休不動産活用

ただお金を稼げばいいというわけではありません。まちが目指す方向に合うコンテンツを入れ込むことが重要です。

②エリアで行う不動産の資産管理

エリアに散在する不動産を合理的にグルーピングし、不動産の資産管理を行う。エレベーター、ゴミ、ビル清掃などのマネジメントを徹底することにより、テナントの施設管理コストを下げることが大切です。

③エリア特化型の不動産仲介

インターネット他、ICT環境が整ってきたことで、不動産仲介業は様変わりしました。今やまちづくりの志を持つ、エリア価値を高める不動産流通業が求められています。まちが目指す方向に合うコンテンツを、エリア内に入れ込むことが重要です。

現代版家守の特徴は以下の通りです。

現代版家守の特徴 その1
不動産オーナーと一緒に行うまちづくり

現代版家守の活動で強調したいのは、「不動産オーナーと一緒にまちづくりをする」という考え方です。不動産オーナーと一緒にエリア価値の向上を行うのです。「敷地に価値なし、エリアに価値あり」という言葉を言い続けてきました。エリアに魅力がなければ、人はその施設やお店を訪れようとはしません。人はまずエリアを選択し、次にそのエリア内の個別施設を選ぶはずです。そこで不動産オーナーの方々には、敷地至上主義を捨ててエリア全体の価値向上のために自分たちで何ができるかを考え、行動することが重要だということを理解してくださいと言っています。

資産価値を高めて、なおかつ良いコミュニティをつくるのがまちづくりの課題ですが、そういう意味で不動産オーナーは最初からまちづくりに対して責任があると思います。いいまちをつくって維持していくことを目標に、'志'と'そろばん'を両立させ、自立して経営できるような不動産の投資のプロジェクトを考えましょうということです。自立というのは、民間の人が自分でお金を出して、それを回収できるということ。財源が補助金によって賄われているケースは、継続的な運営が不安定になってしまい

ます。

　やる気のある若者や地域の大学、行政の方々も上手く巻き込みながらやっていくと、エネルギーを投下した分だけ、自分の資産価値改善につながる可能性があります。そういうことをちゃんと意識し行動することのできる、志のある不動産オーナーと共にまちづくりを実行していきたいと考えてきました。実際に不動産オーナーがまちづくりに関われば、まちに関わる他のプレイヤーも一緒に動き出してきます。

　たとえば、不動産オーナーが動けば投資の機会が生まれますから、必ず金融機関が絡んできます。電気、ガス、水道のようなまちづくりにとって重要な隠れたプレイヤーの方々も同じです。ぜひこういう、まちに根を生やしている方々に視野を広く持ちまちづくりに関わってほしいと思っています。

現代版家守の特徴　その2
民間自立（補助金に頼らない）

　RENプロジェクトでは、神田駅近くの空きビルに、「REN-BASE UK01」という、民間で自由に使える寄合所でありながらSOHOまちづくりを謳うシェアオフィスのモデルとなる拠点を5年間暫定でつくりました。また、「セントラルイースト東京（CET = Central East Tokyo）」という、遊休化した不動産を舞台にしたアートイベントを補助金一切なしで8年間続けました。補助金に頼らない民間主導の自主自立するまちづくりは、自由で楽しく、そしてスピード感があるまちづくりと言えます（神田RENプロジェクトとCETセントラルイースト東京については後述します）。

　その結果、神田・裏日本橋エリアに変化が起きてきました。2010年頃にはギャラリーだけで35軒ほどの集積ができ、神田・裏日本橋エリアは、2009年頃から「いまや東京一のアートタウン」という触れ込みで『Casa BRUTUS』『BRUTUS』『Hanako』『散歩の達人』等の雑誌に特集され、現在はカフェや雑貨屋さんなども合わせて150軒を超える集積になっています。

また、同じく「現代版家守」の手法で、廃校になった千代田区立の中学校をアートセンターとして再利用し、2011年にオープンした「3331 Arts Chiyoda」は、2013年現在年間80万人を集客しています（3331 Arts Chiyodaは後述します）。
　この東京・神田での経験やノウハウがもとになり、現在は北九州市小倉や岩手県の盛岡市や紫波町で、それぞれ家守チームが結成され、地域の再生に乗り出しているのです。

現代版家守の特徴　その3
エリアプロデュース＆マネジメント

　衰退するまちに変化をもたらす「現代版家守」としての活動、すなわちエリアプロデュース＆マネジメントは、何からスタートするのでしょうか。
　衰退局面で必要なのは、維持するためのマネジメントではなく、上昇局面へと持っていくために変化をもたらすことです。維持管理という意味でのいわゆる「エリアマネジメント」は、すでに安定した基盤があり、それを維持するときに組織が考えるべきことではないかと思います。ですから「エリアマネジメントの前に、衰退するまちに変化をもたらすエリアプロデュースがまず必要だ」と考えています。
　変化を起こすといっても、いきなりまち全体を変えられるはずはありません。何より重要なのは、「スモール・ビジネスモデル」とも呼ぶべき不動産活用事例をつくり、成功、伝播させていくことです。そして、実際にエリアが変化した後は、エリア内の不動産オーナーの方々と一緒にエリアマネジメントを行っていくのです。

現代版家守の特徴　その4
まちのコンテンツづくり

　「まちづくり」は「まちのコンテンツづくり」だと考えています。ハードはもうたくさん余っているんだから、そこに注ぐ新しいまちのコンテンツ

を用意するのです。

　ストック社会の中でまちづくりを実践するとき、器よりもその中身のコンテンツに関心を向けていきましょう。まちづくりというよりも、「まちのコンテンツづくり」をスピーディに実行していきましょう。

　まちのコンテンツを考える際、以下の項目などを参考にそれぞれのまちで、新しいまちのコンテンツを考案しましょう。

①人、企業、組織……動物磁気を持つ人、企業、組織の存在
　動物磁気とは、人間が発する人を呼び寄せる引力のような、目に見えない力のこと。動物磁気を持つ人を衰退エリアに呼び込むと、その人の言動に関心のある人たちが群れ集まってきます。最近は、動物磁気を持つ人のFacebookやTwitterでの情報発信がさらに強い引力作用を引き起こしているようです。

②衣食住のライフスタイル……食と住のライフスタイルに関心が移ってきました（カフェ、シェアハウス、COワーキングスペースなど）

③スポーツ・芸術・デザイン（ハイカルチャー、サブカルチャー、伝統文化）が生み出すもの
　物からコトの消費、時間消費へ、アタマ一辺倒でなく身体性の復権、クリエイティブ産業、新業態をつくり出すことが大切です。

④都市型産業集積……都市の生産的な側面＞消費的な側面
　インキュベーション機能、まちの核となるテナント誘致、産業集積の形成、健康・医療・介護サービス業他のコミュニティビジネス育成など。

　従来のまちのコンテンツに新しいまちのコンテンツが加わって、働くこと、住むこと、遊ぶことが渾然一体となったまちづくり、地域での継続的な都市型産業創出を実現することがリノベーションまちづくりの目標です。

　そのコンテンツは第一に人、次に産業ではないでしょうか。まちにとって最高のコンテンツは人です。「あの人がいるから」というのは、まちを訪

れる一番大きな動機付けになります。面白い人を引っ張ってきて、それがある集団になると、自然と人はそのまちを訪れるようになります。

　産業としては、最近では衣食住、特に食と住に関わるライフスタイルに世の中の関心が移っています。それから、スポーツや芸術、デザインといった分野は、新たな産業が育っていく源になる可能性がありますから重要です。コンテンツ（人・産業）からまちを変える、それを楽しみながら、変化の兆しを掴んでいくとまちが再生し始めるのです。

現代版家守の特徴　その5
複線型まちづくり

　衰退している地域に変化をつくり出していくためには、何をどういうチームで仕掛けていけばいいかを考えること、そのプロセスこそがエリアプロデュース＆マネジメントです。「これだけをやっておけばいい」という単純なものではありませんから、拠点づくりや情報発信、そして情報発信のために仕掛けたイベントやさらには大学のような他機関との連携等、複線

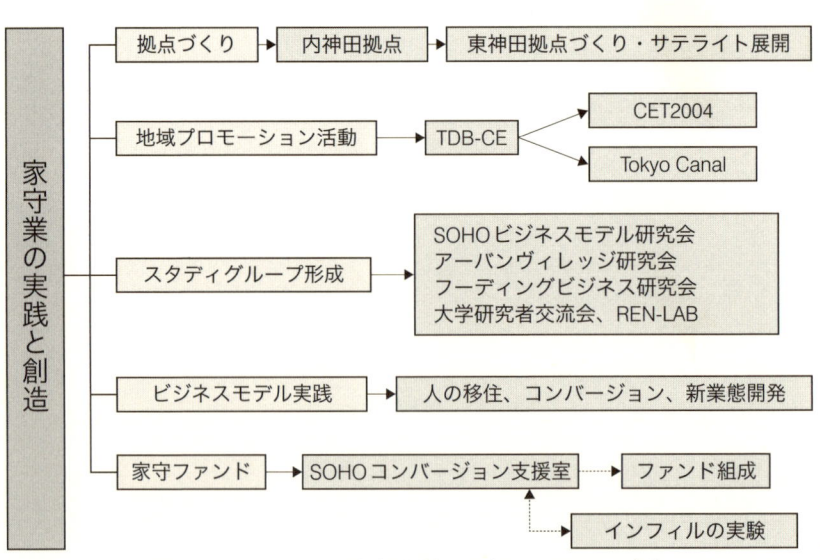

RENプロジェクトの家守活動概要（2003〜2004年）

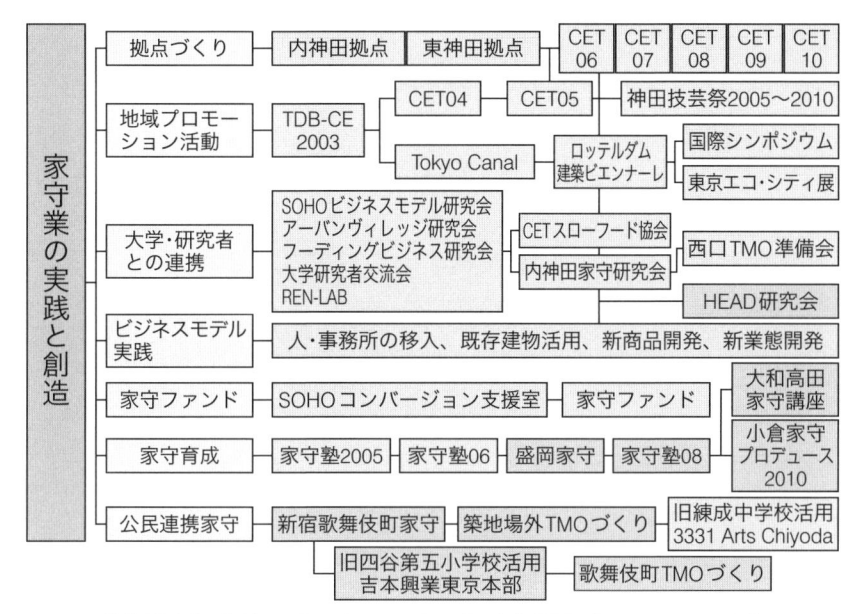

複線型まちづくりシナリオ REN プロジェクト概要（2003 〜 2010 年）

でまちづくりのシナリオを描き、それをどんどん動かしていかなければなりません。

　上の図は、スタート時点（2003 年〜 2004 年）の現代版家守の活動概要と、2010 年時点の活動概要を示すものです。

　複線型まちづくりシナリオがどのくらい発展してきたか、よくわかると思います。

現代版家守の特徴　その 6
特徴のあるモールエリアをつくる

　対象エリアを設定することは、まちづくり成功への第一歩です。大事なのはエリアを広く設定しすぎないことです。目安になるのは、半径 200mから 300m 圏、徒歩で 5 〜 6 分で端から端まで歩けるサイズ。たとえばヨーロッパの諸都市で賑わいや観光の中心となっている旧市街というのは、20ha から 30ha 程度の緻密でまとまりのあるまちです。人間が歩くことを

基準として、ヒューマンスケールでエリアを設定することが大切です。
　そして、そこに魅力的なコンテンツ（人・産業）をどう呼び寄せていくかを考えていけば良いのです。

現代版家守の特徴　その7
"家賃断層"を探し、動きやすいエリアを見つける

　最初にやるべきことは、エリアの実勢家賃（これは公示地価でも代用できます）を調べることです。これを調べると、同じような交通アクセスにありながら、家賃（地価）に大きな変化があることがわかります。これを「家賃断層」と呼んでいます。
　東京の神田でも、下図の左側（皇居寄り）では、2003年当時でオフィスの賃料は月坪あたり3万5000円を下りませんでした。ところが家賃断層のすぐ外側では、神田駅からの距離はそれほど変わらないにもかかわらず、月坪あたり共益費込みで1万円割れを起こしていました。つまり、3.5倍の家賃断層がありました。
　馬喰町、横山町あたりの半径300mくらいエリアは、鉄道の駅からほど

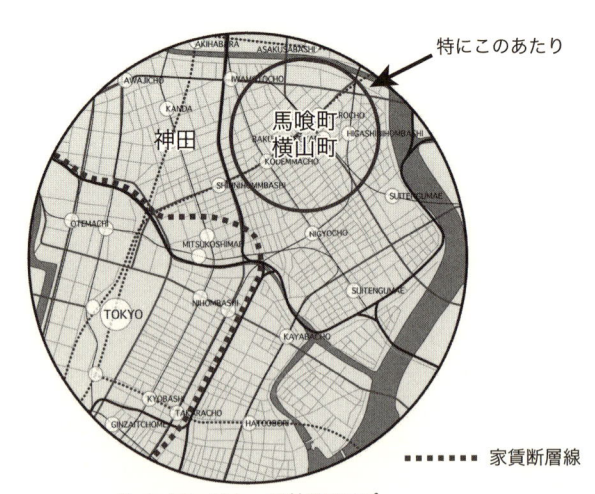

Central East Tokyo エリアマップ
CETエリア（神田・裏日本橋）の問屋街再生（2003〜2011年）

近いにもかかわらず、同じ家賃で3.5倍のスペースが借りられるということです。これはクリエイターの人たちにとってはたいへん魅力的な、可能性のあるエリアだと思いました。

　そのエリアが疲弊していればいるだけ、大きな家賃断層があります。放っておいてもテナントが入る表通りはプライドも高く、変化を起こすのは大変です。ところが家賃断層線のあたりでは、家賃も低く設定できるので若くてエネルギーがある人が入って来やすくなるため、コトを起こしやすいのです。

現代版家守の特徴　その8
"絶対賃料"と"暫定利用"でリスクをとって投資する"転貸ディベロッパー"

　2003年当時、神田駅近くに拠点をつくろうとしたときにすぐわかったことは、ビルオーナーが投資できる状況ではないことでした。減価償却済みの資産でも結構な固定資産税や都市計画税がかかり、6割くらいが空室になっていると掃除やエレベーターのメンテナンスだけでも相当な負担になってしまいます。

　そういう状況の中で、オーナーだけにリスクを負わせるという仕組みではなかなか前に進めません。「現代版家守」として自らがリスクをとって投資することが必要でした。「REN-BASE UK01」の場合は105坪のワンフロアを期間限定で借りるという形で、投資を行いました。現代版家守はこのように自らリスクをとって行動する「転貸ディベロッパー」でもあるのです。

　「転貸ディベロッパー」として投資を行う際に大事なのは、「絶対賃料」と「暫定利用」という考え方です。まず、「絶対賃料」は「エンドユーザーの家賃をいくらにするか」を考えるときに使います。建築に投資して、その投資額から「坪あたり2万円」という家賃を設定して、いざテナントを募集しても入らない、というのは最悪のことです。建物への投資コストが先に立ってはいけないのです。

　「まちづくりはまちのコンテンツづくり」であって、その最高のコンテン

ツは人ですから、どんな人に入居してほしいかは、まちをどう変えるかというコンセプトそのものです。まちを変えるというビジョンを実現するにはどんなテナントを呼ぶ必要があり、その人たちはいくらだったら入居してくれるかの賃料が先に立たなければいけないのです。そこから逆算してリノベーションの投資額を決めていくのです。

そこで、事前に入居してほしいテナントに「月額いくらまで払えますか？」とヒアリングをして、出てきた答えが「絶対賃料」です。そこから、改修費用を逆算して算出します。「この人に入ってもらいたい」という人に、「いくらなら入れる？」と聞くだけで良いことです。

不動産の付加価値というのは、空間のサイズを小さくすればするほど、時間を小分けにすればするだけ、上がります。だから、「絶対賃料」に基づいて空間を割り、それに見合った投資を行うべきですが、その投資を何年で回収するかを考えるときに使うのが、「暫定利用」という考え方です。投資を回収する期間をあらかじめ設定しておくことが大切なのです。投資回収期間の目安は、最長で5年間くらいに置いてみるのが良いです。

これは、「入居しやすくする仕組み」をつくり出しながら、もう片方で「不動産の付加価値」を上げようとしているということです。このやり方が、個別のプロジェクトを成り立たせる肝の部分です。

中心市街地のようなところでは、もともとある遊休不動産を改修費用を抑えてリノベーションすることが現実的な手法だと言えるでしょう。新築を否定するわけではありませんが、リノベーションのほうが利回りが高くなることがほとんどです。「絶対賃料」や「暫定利用」の考えに基づいて投資計画が立てられるのなら、新築でも構いません。

現代版家守の特徴　その9
対象エリアの不動産の状況を正確に現況調査する

エリアプロデュースのためには、対象エリアにおける不動産の状況を正確に把握することが必須です。貸しに出されている物件だけを見てしまい

がちですが、そうではなく全部の不動産の現況調査をする必要があります。

　たとえば、疲弊したエリアのビルでは、ワンフロアがまるまる粗大ごみの山に占拠されていて、外には貸し出していないということが実はたくさんあります。不動産仲介業者を通じて貸し出されているものだけが「空き店舗」「空きビル」ではないのです。

　加えて、民間の不動産だけでなく、あまり有効活用されていない公園のような公共空間も含めて、遊休化してしまっているすぐに使える資産がどれだけあるかという状況を正確に把握する必要があります。

　また、SOHO事業者が入居する場合は、設備で気をつけなければならないことがあります。それは「電気容量」の問題です。電気容量が足りない場合は、キュービクルを増設する必要があります。この投資は結構高いです。新たな幹線を引き直したりするコストは馬鹿になりません。用途や業態に応じて設備がどの程度必要かも含めて、基礎的なデータがなければ、リノベーションまちづくりは始まらないでしょう。

　これらのデューデリジェンス（不動産の精査）を対象エリアでしっかり行うことが、エリア再生のプロデュース＆マネジメントを行う際、重要な基盤になると考えています。

現代版家守の特徴　その10
地方都市でも現代版家守はできる

　東京の神田・裏日本橋での現代版家守によるまちづくりが着々と進んできた2008年〜2009年ころ、地方都市に出掛けてまちづくり活動をしている方々に会うと必ず聞かれたのが、「現代版家守によるまちづくりは東京だからできるのですね」という反応でした。そのたびごとに、「地方都市においても、おそらく可能なのではないでしょうか」と返事をしました。

　そんな状態が続く中、北九州市小倉で家守プロジェクトを立ち上げ、これをプロデュースしてほしいというオーダーが北九州市から来ました。

　処方箋の出し方や表現の仕方は地域によって異なりますが、産業の疲弊

がまちに直接的にダメージを与えていることや、生産年齢人口の減少といった背景の構造的要因は東京も地方都市も共通していて、その解決手法も共通すると思っていました。

　北九州市は人口約 97 万人の政令指定都市ですが、その中でも小倉は 37 万人規模のまちです。2010 年度から小倉家守構想の検討が動き出し、2011 年 3 月に「小倉家守構想」が策定され、こうしたベースのもとに地域の人が中心となって結成した家守チームが活動を展開しています。そして、北九州では遊休不動産を活用した新たな施設が続々オープンし、疲弊したまちの中心部に新たな都市型産業の集積と雇用が続々と生まれています。

　2011 年 6 月に、リーディングプロジェクトとして、小倉のメインストリート・魚町銀天街の裏通りにある、十数年使われていなかった 2 階建ての建物をリノベーションした「メルカート三番街」がオープンしました。これは、照明デザイナーのオフィス兼ショールームや、昭和の食器を集めたレトロな食堂、地元作家によるアクセサリーや雑貨のセレクトショップなど 10 店舗が入るインキュベーション型の店舗施設で、若い人たちを商店街に呼び戻しています。

　2012 年 4 月には、魚町銀天街で空き店舗となっていた 120 坪の 2 階フロアを使って、北九州でものづくりをする人たちが 50 人余り（オープン時 50 名、2014 年 7 月現在 71 名）が出店するインキュベート施設「ポポラート三番街」ができました。「ものを売る」だけだった商店街に「ものづくり」の魅力が加わったわけです。

　2012 年秋には、数年間空き室となっていた雑居ビルのワンフロア約 60 坪をリノベーションしたシェアオフィス「MIKAGE1881」や、30 年近く放置されていた商店主のかつての住宅だった木造住宅をリノベーションしてレンタルスペースとした「うおまちのにわ 三木屋」をはじめとする新たな施設が続々とオープンし、この後も新たな計画が次々に進行中です。

　このようにして 2010 年夏「小倉家守構想」を提案検討し始めてから 4 年ほどで、小倉のまちのど真ん中に、300 名を超える若い人の雇用の場が

新たにつくられました。

　北九州市小倉でのプロジェクトの興し方は、神田・裏日本橋と同じように家賃断層帯からリーディングプロジェクトを動かすというやり方です。小倉にもやはり「家賃断層」があって、メインストリートである魚町銀天街も小倉駅から離れていくに従って家賃がだんだん下がっていました。さらにその裏通りであるサンロード魚町商店街になると、その半額。つまり、安くなったエリアにもさらに家賃断層はあって、リーディングプロジェクト「メルカート三番街」の立地はいわゆる「駅前好立地」からすると坪あたりの賃料が半額の半額の場所なのです。

　そういうところからリノベーションによるまちづくりを始めたほうが楽に進められるのです。「メルカート三番街」の建物は、家賃断層のちょうど真ん中にあり、しかもオーナーの梯（かけはし）さんが志のある方だったので、まさにリーディングプロジェクトにはうってつけでした。

　まちが変わる、エリアが変わるというのは、だいたい5年くらいが目安になります。今はちょうど5年目です。このあと1年くらいが、とても大事だと思っています。なぜなら、2011年度から始めたリノベーションスクールが、強力な機動力を発揮しているからです。市役所も不動産オーナーの方々も大学関係者も、家守チームも一緒になって意思疎通できるリノベーションスクールは、場であり、瞬発力のあるまちづくりのエンジン役に育ちました。だから、北九州市小倉のまちはさらに大きく変わる可能性がある。今はその段階にきています（北九州市小倉のリノベーションまちづくり、リノベーションスクール等については後述します）。

　こうして、地方都市においても現代版家守によるリノベーションまちづくりの手法は有効であることが実証されつつあります。

　東京の神田・裏日本橋地区や北九州市小倉魚町地区などで行ってきたリノベーションまちづくりの経験から、まち再生のマネジメント、自立型まちづくりの進め方について、さらに詳しく記していきます。

02
リノベーションまちづくりの具体的な手順

　現代版家守の活動を通じて見出した、実際に"リノベーションまちづくり"を行う手順は、以下の通りです。前述の「民間主導小さいリノベーションプロジェクトのプロセス」といくつかの点で重なるところがあります。リノベーションまちづくりは、エリア内で単独のプロジェクトを行うのではなく、エリア内で多くのプロジェクトを行ってエリアを変えていきますので、再生するエリアを設定することやエリアを再生するヴィジョンをつくることが新たに加わってきます。

①リノベーションまちづくり事業の意志決定者を探す
②家守チームづくり
③コンテンツを担う人たちを集める
④再生するエリアを設定する
⑤エリアを再生するビジョンをつくる
⑥事業計画を立てる
⑦やれることからすぐに始める

　これがリノベーションまちづくりの具体的な手順です。

リノベーションまちづくり事業の意志決定者を探す

　リノベーションまちづくり事業の意志決定者は誰なのでしょうか。まちなかの遊休化した不動産を活用して行うリノベーションまちづくり事業の意志決定者は、民間と公共の不動産オーナーの方々です。リノベーションまちづくりは、志を持つ不動産オーナーを見つけるところからが始まりです。ここでは、民間不動産オーナーと一緒に行う小さなリノベーションまちづくりについて記します（公共という大きな不動産オーナーと一緒に行うリノベーションまちづくりについては、後述します）。

　まちに新しい動きをつくり出す起点は何か、それは志を持つ不動産オーナーと民間家守チームの両方が揃うことです。志を持つ不動産オーナーとは、自分の不動産のことだけを考えるのではなく不動産を所有するエリアのことを考えて行動する人のことです。利己的な考え方をするのではなく、利他の気持ちを持った人です。過去に家賃が高騰したときの残像に取り憑かれた利己的な敷地主義者ばかりのエリアでは、新しい動きをつくり出すことは困難です。もし、一人の志のある不動産オーナーがいたら、そのエリアは新しい動きをつくり出せるエリアになります。民間主導のまちづくりの場面では、たった一つの成功事例が、瞬く間に周辺エリアに伝播し、エリアを変えていくことがしばしばあるからです。スモールビジネスモデルの成功と伝播がエリアを変えるという現象です。

　志を持つ不動産オーナーを見つけ出すためには、早い段階からリノベーションまちづくりの啓発活動を行うことがとても重要になります。啓発活動の仕方としては、講演会を行ったり、リノベーションまちづくりのシンポジウムを行ったり、家守を育成する塾や講座を行ったり、リノベーションまちづくりのワークショップも行ったりしています。

　今まで右肩上がりの時代が長く続いてきました。その間、不動産オーナーの方々は不動産を所有し、ビルや住宅や店舗の建物を建設し、順調に家

一つの成功事例が周囲の不動産オーナーを動かす！

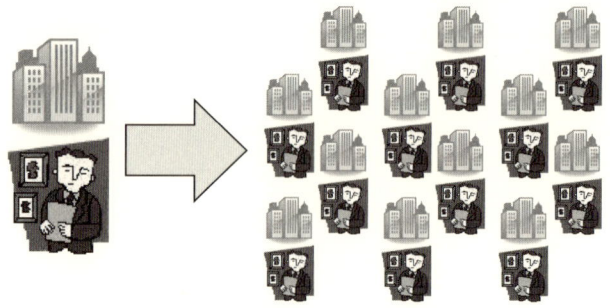

スモールビジネスモデルの実践・成功 → 伝播
志のある不動産オーナーと一緒に一つの成功事例をつくり出そう！

賃収入を得てきました。ご自身が商売を行うこともやりながら、相当の収益を上げてきました。時代は厳しくなりましたが、そうした中での不動産経営のノウハウは残念ながらほとんどの不動産オーナーは持っていません。過去の良い時代のことが残像として頭の中に残っている方々がほとんどです。

したがって、不動産オーナーの方々に、今や時代が変わったこと、そしてその中で不動産を所有し経営していく新しいやり方について、正確な情報を伝え続けることがとても大切なのです。不動産オーナーの方々に向けた様々な啓発活動を根気強く行うことがリノベーションまちづくりの土台をつくっていくのです。

家守チームづくり

不動産オーナーの次に必要なのは、家守チームです。不動産オーナーの方々は、新しい不動産の運営管理の仕方をほとんど知りません。ですから不動産オーナーに代わり、リノベーションまちづくりプロジェクトを企画し、その不動産を運営管理する組織が必要なのです。

近年、20代〜30代の人たちで家守をやりたい、まちづくりに関わりたい、

ソーシャルビジネスを目指したい、NPOをつくりたいという人たちが多くなってきています。時代の要請だと思います。家守を始めたいという人たちには、3人（以上）のチームを組むことを勧めています。一人だけでやると、考え方がすぐ息詰まる可能性が高いし、第一楽しくありません。まちづくりの継続のためには、単独主義、敷地主義はダメです。かと言って、ただ数が多ければいいというものではありません。まずは、3〜4人からスタートする。その際、お金を出資し、リスクを共有することが大事です。3人の個性、仕事の領域、機能は別々のほうがいいです。志のある不動産オーナーと3〜4人のリスクを負う感覚を共有する家守チームが揃えば、エリア企画プロデュースとエリアマネジメントはいつでもスタートできます。不動産オーナー、家守のどちらかが欠けても、リノベーションまちづくりは継続していかないでしょう。

　北九州小倉家守構想のマネジメントチーム（自立型まちづくり会社）は、タイプが異なるものが複数あります。そして、これらがお互いの役割をきちんと果たすことにより北九州市小倉魚町が相当な勢いで変わり始めています。

- 不動産オーナー自らが家守となりマネジメントチームを形成しているもの（三番街家守、家持の家守）
- 新たに家守の株式会社を形成したもの（株式会社北九州家守舎）
- 官製TMOを動けるまちづくり会社に変えたもの（株式会社北九州まちづくり応援団）
- アーケード建て替えを機に自立型まちづくり会社を設立したもの（株式会社鳥町ストリートアライアンス）
- リノベーションまちづくりのノウハウを蓄積することを目的に一般社団法人を設立したもの（一般社団法人リノベーションまちづくりセンター）

　新たに家守の株式会社を形成した株式会社北九州家守舎のケースでは、

メンバーは、30代から40代の4名です。リノベーションが得意な建築家、大学の建築学科の先生、大学の新領域の先生、それにカフェオーナーから構成されています。

代表は、北九州市出身、東京で建築設計事務所を開いている30代の嶋田洋平さんです。東京と北九州を往復しながら北九州家守舎を経営しています。大学の先生2人はそれぞれの領域が異なります。いずれも学生たちの信頼が厚く、この2人の先生が動けば大学生、大学院生たちがまちづくりにグループで加わってくれます。カフェオーナーは、面白い人材のネットワーク拠点となるカフェを小倉駅北口で経営している人です。このカフェに行けば、北九州市周辺の面白い人間がほとんど集まっています。

この4人が一人10万円ずつ出資して家守会社をつくりました。そして、4人が協力しあって、リノベーションまちづくりプロジェクトを北九州市小倉魚町周辺で次々に実現しているのです。

コンテンツを担う人たちを集める

不動産オーナーと家守チームが揃った。あとは、継続的に家賃を払い続けてくれるテナントを集めることが必要です。

ここで重要なのは、ただ家賃を払うだけのテナントを集めても、まちはさほど変わらないということです。県庁所在地クラスの地方中核都市の中心市街地で、地場で商売をしていたお店がクローズして、そこにナショナルチェーンのテナントが入ってくるケースをよく見ます。しかし、それでは本質的にまちが変わったとは言えません。

まちを本質的に変えるためには、今までの考え方とは異なる新しいまちのコンテンツを担う人たちを呼び込んでくることが必要です。

実際に神田・裏日本橋地区、北九州市小倉魚町地区他の地域で行っているリノベーションまちづくりの場に登場する新しいまちのコンテンツを担う人たちは、以下の通りです。

- SOHO系事業オーナー
- 飲食系事業オーナー
- ものづくり系事業オーナー
- サービス系事業オーナー
- エンターテイメント系事業オーナー
- 農林漁業系事業オーナー
- 新しい暮らし方を求める居住者たち

　これらの人たちは、今までは自宅で仕事をしていた人たちがほとんどです。まちの中心部にリーズナブルな家賃で借りられるスペースと自分と同じような仲間がいれば、まちなかで仕事をしたほうがビジネスの発展が期待できます。
　そして、これらの人たちの特徴は生産型の人たちが多いことです。まちの中心部が、消費を目的とするものからより生産型のものに移行しつつあるのかもしれません。
　また、まちの中心部でリノベーションまちづくりプロジェクトを行うとき、周辺部に豊富にある農林水産資源およびその生産者とまちなかとをつなぐというやり方もとても効果的です。
　ここ数年、居住マーケットが大きく変化し始めています。シェアハウスやオーダーメイド賃貸住宅などが大都市部を中心に急速に普及し始めています。新しい形態の都心居住マーケットは、新しいまちのコンテンツとしてとても重要なものです。
　これらは、ほんの一例です。こうした新しいまちのコンテンツとそれを担う人たちを、従来型のテナントに代わる新しいターゲットとして捉えることがリノベーションまちづくりには大切なのです。
　不動産オーナー＋家守チームが揃ったら、この後どう進めるかについて、より具体的にリノベーションまちづくりの手順を記していきましょう。

再生するエリアを設定する

　まちに何かの問題を感じ、その問題を解決しようと志のあるメンバーが集まる。そのとき、対象エリアを設定することが極めて大事です。どのまちへ行ってもこれが大変曖昧に、漠然と決められているのが現状です。「エリアを決める根拠って何かあるのですか？」と聞かれることも少なくありません。中心市街地活性化基本計画の中心市街地エリアは、多くの場合数百 ha もあります。人口数万人の地方都市においても 100ha 以上を越えるエリア設定を行っているケースがたくさんあります。東京を代表するビジネス街、大丸有地区の大手町、丸の内、有楽町エリア全体が 120ha、新宿副都心計画エリアが 96ha です。果たして人口数万人の町で、100ha を超すような大きなエリア全体を変えることができるものでしょうか。

　対象エリアを設定するためには、まちづくりについての総合的なものの見方が必要です。対象エリアを設定する際に重要だと思われる考え方を挙げます。

①まちという物理的な空間をヒューマンスケールで考える

　コンパクトシティ論者、レオン・クリエはヨーロッパの諸都市のオールドタウン（歴史的な市の中心部）のほとんどは、20ha から約 30ha 程度の稠密でまとまりのあるまちだったと言っています。人間が歩くことを基準として、これからの中心市街地エリアを考えると、なるほど、このくらいのサイズが妥当なところだろうと感じるスケール感です。おおよそ半径 200m から 300m 圏、徒歩で 5～6 分で端から端まで歩けるコンパクトなサイズです。

②都市をイメージとして捉える

　名著『都市のイメージ』(ケヴィン・リンチ) では、人間が体験する都市のイメージは、ランドマーク (目印となる建物)、ノード (結節点)、バウンダリー (境界) などにより形成されると言っています。特徴的なまちをつくるという観点からすると、確かにこの考え方が合っているように感じられます。東京では、丸の内、銀座、秋葉原や浅草などのまちを歩くと、ここからここまであたりが一つの特徴を持つ、一つながりのまちだなと感じます。まちを訪れる人が頭の中で感じるまちのイメージによって、エリアを決めていくことも情報化社会の中では、とても重要な要素です。このように、体験的な視点からエリアを決めること、エリアのイメージを考えることがまず必要となります。

③もう一つの視点、それは歴史的コミュニティを考える視点

　古くからのまちがある場合、そこには、歴史的なコミュニティが残っています。お祭りのとき、長く続いているコミュニティの姿が、現代によみがえってきます。このことをしっかりと受け止める必要があります。古い建物、古いまちなみ、コミュニティの文化は、新しいものでは絶対につくれない貴重な地域資源だからです。商店街を考える際にも、同時にそこに永く存在する町内をあわせて考える必要があります。東京の例を挙げると、神田明神の氏子の町内は、2年に1度の神田祭になると一つながりの歴史的エリアが出現します。また、そのエリアの中に100基余りのお神輿が出てきます。町内という"両側まち"が一つのコミュニティであることがくっきりと浮かび上がってくるのです。そして、みちが車のためのものではなく、人間のための広場であり、まちの庭であることがよくわかる瞬間でもあるのです。

④ソロバンの視点からエリアを考える

　以上挙げた視点はいずれもとても大切なものですが、これだけだと現実のまちづくりのモチベーションと合っていないように感じられることが多く、精神論に終わってしまう可能性が高いです。現代においては、まちづくりに欠かせない"志"に加えて、経済的・経営的な視点（ソロバンの視点）、すなわち経済的合理性、利害一致の観点からエリア設定を考えることが必要です。決して、経済的合理性、利害一致のみを追求しようというのではなく、志とソロバンを同時に考える視点こそ大切だということです。

　経済的合理性、利害一致からまちづくりを考える観点とは、どんなものか。それは、民間の志のある人たちがチームをつくり、あるエリアを設定し、そこに"共"の価値をつくり出し、拡げることにより、持続するコミュニティをつくり出すことです。個別に活動することには限界があり、かといって、従来の商店街組織に縛られていても衰退に歯止めをかけられないことは周知の通りです。小さな同一の利害関係のチームづくりがまちづくりの始まりであると言えるのです。

　これらをまとめると、徒歩回遊圏の中に、ある特徴を持つエリアのイメージが充満している、かつ歴史的なコミュニティの要素を含む、そして、経済的に同一の利害関係を共有しているエリアを形成していくことが重要だということがわかります。対象エリアを設定することは、そのエリアについてより深く、かつ総合的に考えることが重要です。これらをしっかり考えられるとき、まちづくりは成功へのみちを歩み始めているのです。

エリアを再生するビジョンをつくる

　闇雲にリノベーションまちづくりプロジェクトを展開しても、ほとんど意味がありません。エリアとまちを変える方向性をビジョンとしてまとめ、

自分たちの活動のドメインを決めることが必要です。エリアヴィジョンづくりは人に語りかける上で必要であるとともに、自分たち自身のやるべきことの方向を決める上で重要なプロセスです。

まちを再生する明確なビジョンを持たないまちづくりが全国各地で行われてしまっています。ビジョンはただ美辞麗句を並べれば良いというものではありません。都市名を外すと、どのまちなのか全くわからないようなものは、ビジョンではありません。

疲弊したエリアでのまちづくりにおいて大事なことは、何のために何を目標としてまちを再生するのかということです。すなわち深い、明確なビジョン（仮説）を持つことです。

空き店舗、空きビルがたくさんある。これを埋めることが目的でしょうか？

百貨店が閉鎖した。とにかくこの大きな建物を何かで埋めて、再開することが目的なのでしょうか？

まちなかに客足が遠のき、賑わいが失われた。賑わいを復活することが目的でしょうか？

果たしてそうでしょうか、それだけなのでしょうか。空き店舗、空きビルが大量発生した本当の原因は何か、中心市街地が疲弊した根本原因は何か、そこに立ち返って、問題を解決しない限り、まちの再生はありません。

今、まちの生命力・維持力を回復することが求められています。そのためには、都市・地域経営課題を自らの問題と捉えることが大切です。

通例、以下のような都市・地域経営課題をいくつも抱えているまちが多いです。自分のまちはどうか、チェックしてみてください。

□ 自治体の財政危機（税収・地方交付税減少 × 支出増）
□ 産業（特に地場産業）の疲弊
□ 人口（特に生産年齢人口）の減少

- □ 医療・介護費・生活保護費の増大
- □ 中心市街地の業務・商業の衰退
- □ 郊外住宅地の空き家の増加
- □ 遊休ストックの増大（建物、公園、田畑、森林）
- □ 雇用の喪失
- □ コミュニティの崩壊
- □ 民間（市民・企業）自立心の欠如
- □ 社会変化への対応力（マネジメント）の欠落　他

　自分たちは今、対象エリアと自分たちのまちをどこに導こうとしているのかを議論しましょう。エリアビジョンをつくるときは、将来の自分自身の生活をイメージしましょう。自分自身の生活を楽しむエリアをイメージしましょう。そして、エリアビジョンを具現化するアクションプログラムを考え実行しましょう。

　エリアビジョンをつくるときには、まちのフィールドワークを行い、近未来のマーケットを読み解くことが必要です。また、現在のまちの経営課題を考え、その課題を解決することを同時に考えることが大切です。この両者からエリアビジョンが構築されていくと、エリアの進むべき道をはっきりと示すことができるのです。

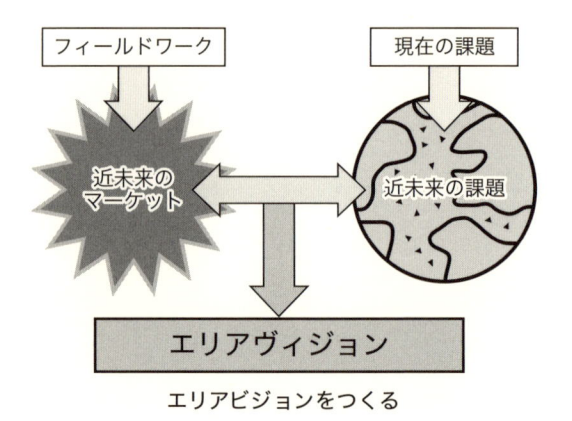

エリアビジョンをつくる

事業計画を立てる

　停滞するまちを変えるために、何を使って何をするか。そのためのまちづくりプロジェクトをいくつも立ち上げるわけですが、自立継続するまちづくりを行っていくためには、個々のプロジェクトが自立できなければなりません。ビジョンを実現するために何をするかというアクションプログラムを考えたら、今度はそのアクションプログラム一つ一つの事業が黒字で回っていくかどうかを検証しなければいけません。黒字化するためには、何らかのイノベーションが行われ、付加価値が生み出されなければなりません。また、そのエリアの既存のビジネスとパイの食い合いを演じるようではダメです。今までにないビジネスを呼び込んで、それを育て、ビジネスのパイを拡大しなければならないのです。また、黒字化できない事業は、

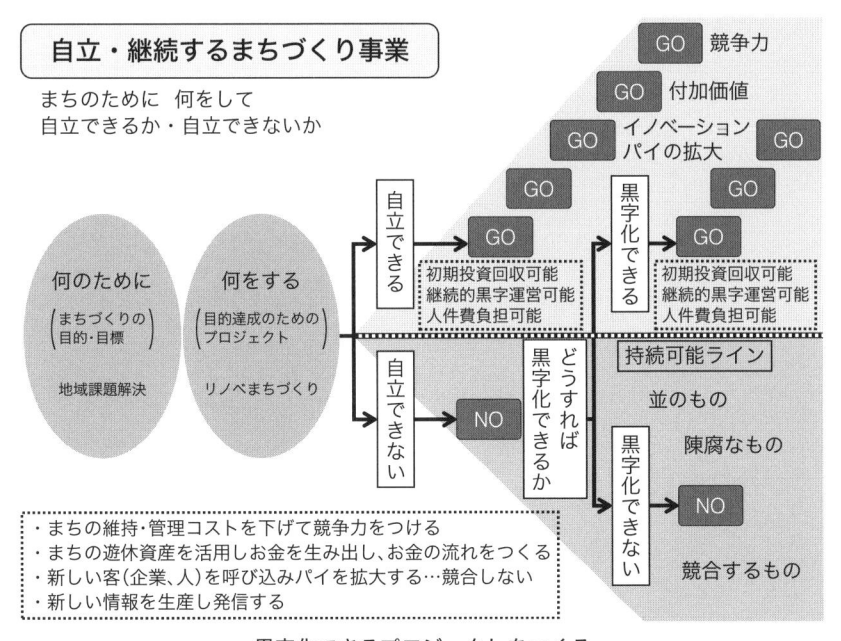

自立・継続するまちづくり事業

まちのために　何をして
自立できるか・自立できないか

黒字化できるプロジェクトをつくる

・まちの維持・管理コストを下げて競争力をつける
・まちの遊休資産を活用しお金を生み出し、お金の流れをつくる
・新しい客（企業、人）を呼び込みパイを拡大する…競合しない
・新しい情報を生産し発信する

工夫して1円でも黒字化できるようにしなければいけません。

こうして、一つ一つの黒字化できるまちづくりビジネスを複線型で実施することによって、自立型まちづくり会社が経営できるのです。

自立型まちづくり会社のベースになる事業モデルとしては、エリア一帯で行うファシリティマネジメント事業（コストダウン型）と遊休化した不動産を活用しそこからキャッシュフローを生み出しながら、付加価値を向上させる家守事業の二つが代表的なものとして挙げられます。

もちろんこれ以外にもたくさんの事業が考えられます。自らがカフェや飲食業を経営したり、自らが産直マルシェを経営したり、人材がいれば得意な事業を家守事業者自らが経営し適正な利益を上げ、さらに余剰の利潤をまちに再投資していけば良いのです。

こうした、まちづくりに資する事業を行い収益を上げていく力が最も大切です。

やれることからすぐに始める

さあ、ここまできたらもう躊躇することはありません。やれることからすぐに始めてみましょう。そしてその結果をよく観察しましょう。もしあまりうまく事業が進まないようだったら、何が原因なのかをよく考えて、すぐに修正をかけましょう。これは大外れだったと判断したら、すぐにその事業をやめましょう。反応がすごく良かったら、その事業をどんどん伸ばしていきましょう。

大外れなもの以外は、最初のプロジェクトを始めたら、プロジェクトが成功するまでやり切りましょう。エリアビジョンを実現する一つのプロジェクトが成功すれば、実際にエリアが変わり始めます。そして一心不乱に5年間はこれをやり続けましょう。すると目に見える形でまちが変わってきます。そして、自然に新しいまちのコンテンツがそのエリアに集積し始めるのです。

リノベーションまちづくりを実行する際のプロジェクトの例を挙げておきます。継続的な収益力を持つ事業であるか、雇用を創出する力を持つ事業であるか、周辺に波及効果を持つ事業であるかがプロジェクトを考える際、ポイントとなります。

継続的収益力	雇用創出力	周辺波及力
にぎわい型 屋台村・ファッション屋台 産直市場、道の駅 製造販売型の店、名物	**インキュベーション型** SOHOオフィス クリエイター事務所 サービス業インキュベーション	**居住型** シェアハウス クリエイター居住 ホステル
エリアFM型 エリアFM事業 駐車場管理事業(大規模) 駐車場活用事業	**機能誘致型** 本社オフィス 大学・カレッジ 病院	**サポート型** ママカフェ 託児所 託老所

プロジェクトの例

現代版家守に必要な二つのセンスがあります。それは、自主・自立する事業センスと、民でもあり公でもあるという「コモンセンス」です。そして、この二つのセンスを軸に、動的に考え実行するプロセスをつくっていくことが大切です。

「知行合一」とは、陽明学の言葉で、真に知ることは必ず実行を伴い、知と行とは表裏一体であるというものです。現代において、知行合一のためには、高い志と、したたかなソロバンの両方が必要です。空きビル、遊休資産を活用し、小、中、大まで多様なプロジェクトを並行して進めていく。すると、まちに変化が少しずつ現れてきます。そして、まち全体の魅力が高まっていきます。

みんなのまちのために、やるべきことはたくさんあります。
さあ、やれることからすぐに始めましょう！

03
プロジェクトを実行する
事業計画・実施・検証・実行のPDCA

　民間主導でプロジェクトを実行するときに大切なことは、新しい業態をつくり出すことです。まちを変えるコンセプトを背負ったプロジェクト、それは新しい業態のことです。すでにまちの中に進出している商売の形とは異なるものをつくり出すことこそ大切なのです。それが、新しいまちのコンテンツなのです。空いているスペースがある、それならナショナルチェーンのテナントを誘致してこようという考え方と異なるやり方をすることが大事なのです。

　そのエリアでどんなプロジェクトを実行するのがエリアを変えていくことになるのかよく考えましょう。そして、そこで行う事業についてとことん工夫を重ねましょう。どこが既存の類似業種と異なるのか、とことん追求しましょう。特に、ターゲット層となる利用者、エンドユーザーにとってその商品やサービスが、魅力的か、お値打ち感があるかを考えましょう。そのためには、何を工夫するか。これが最も面白い作業です。そして、恐ろしいことですが、このことが儲かる事業か、だめな事業かを本当は決めてしまうのです。新しい業態がターゲット層にぴたっとハマると、驚くほど事業がうまくいきます。飲食業、製造販売業等の粗利が大きい商売では本当に儲かります。

　続いて、考えた事業の中身をもとにして事業計画の数字に落としこみましょう。営業時間、休日、シフトの必要性等を考え人件費を出しましょう。

客単価、平日、昼間、夜間の客数を推定し、売り上げを計画しましょう。商品やサービスの原価をざっくり入れましょう。水道光熱費、家賃、維持修繕費、広告宣伝費、福利厚生費等を入れましょう。毎月どのくらいの儲けが出ていますか。初年度どのくらい粗利が出そうですか。事業計画は経営のシミュレーションです。エクセルの表計算で簡単にこれができるのですから、便利なものです。

　5年間の粗利をもとにして、リノベーション投資の限度額を決めましょう。できれば、3、4年で初期投資の回収ができるように計画されているといいのですが、いかがでしょうか。

　収入と支出の計画、投資額を算出したら、必要な資金調達を考えましょう。この時点で、ファイナンスの専門家をチームに入れることが大切です。そして、自己資金はいくらくらいにするか、借入金はいくらくらいにするのが良いか、いくつかのケースを想定し、利回りとリスクを計算してみましょう。

　次は、事業計画を実行する段階です。シェアオフィス、シェアハウス、シェアアトリエ、シェアショップ等の不動産サブリース事業の場合は、内装・設備工事に入る前に、採算分岐点を超える以上のテナントづけを行うことが必要です。順調にテナントが集まり、採算分岐点を超える見込みが立ったら、即座にお金がかかる工事に取りかかれば良いのです。

　テナントやエンドユーザーを先付けするためには、事業コンセプトに沿った情報の流し方を考えておくことが大切です。特に情報のコアになる人は誰かをよく考えて、その人を仲間に入れておくといいです。また、地域の中で信頼されている大きな組織も大事な客筋です。大きい組織のキーマンを呼び寄せると、そこから口コミが生まれ、大きな客筋がつくり出せます。

　集客と同時に、商品とサービスがもちろん大事です。商品とサービスのクオリティが悪ければ、せっかく来てくれたお客さんが二度と来なくなっ

てしまいます。事業をスタートするまでの間、スタッフを鍛えることが極めて重要です。

　こうして新しい事業が始まります。これが本当の始まりです。そこから走りながら考える毎日が続きます。実際のお客さんの反応を見て、考える。そして、新たなお客さんへの提案をしてみる。また、反応を見る。このPDCAサイクルを飽くことなく続けていくわけです。そうしながら、お客さんたちが満足している様子を見ると、ああ、事業をやって良かったなあと思います。

　私自身も、1992年の創業以来、いくつもの事業を行ってきました。飲食業、物販業、工務店業、不動産業などです。特に飲食・物販の日銭商売をしてみて、良かったと思っています。考えてお客さんに提案したことが、喜ばれたときの快感、これは何ものにも変えられないよろこびです。事業は、リアルな実験の場です。もちろん多少リスクがあります。自分が背負える範囲内のリスクなら、進んで事業をしてみてはどうでしょうか。そこから得られる体験は、学校の授業では得られない貴重なものがあると感じています。

　さあ、仲間と一緒に事業を始めてみましょう。

column 03 **まちづくり会社マネジメントのための三種の神器**

　まちづくりを動かしていくには多くの壁があるとよく言われます。中でも民間のまちづくり会社が持続して会社を経営していくことが困難だという声をよく耳にします。

　まちづくり会社を維持するためには、継続的な収益が必要です。収益を生み出すためには、まちづくりの事業を行い利益を出すことが必須です。一つの事業ごとに、必ず黒字化して行くことができ、いくつもの事業が並行して黒字で進めていければ、会社が存続します。個別の事業を黒字化するため、いくつもの事業を並行して進めていくため、そして少ない人数でこれらを運営していくためには、重要かつ便利なツールがあります。

　今までいくつものプロジェクトのマネジメントを担当してきました。その際マネジメントのために使う便利なツールがあります。それは、**ガントチャート（工程表）**、**組織表**、**キャッシュフロー計算書**の三種です。この三つのツールはマネジメントのための三種の神器のようなものだと思います。ところが、多くのまちづくり会社の方々に聞いてみると、こうした大事なツールをほとんど使っていないのです。

　まちづくりのためのプロジェクトを行うとき、担当する人員は少なく、やらなければならない作業項目は多く、かつ多くの関係者がこれに加わります。まちづくりの現場では、効率的にマネジメントしていくことが強く求められているのです。関係者間の情報共有のために、「サイボウズ live」のようなネット上の便利な情報共有システムがたくさん出ています。これらを利用して情報共有を図ることがとても大切です。加えて、実際のプロジェクトをマネジメントするとき、人と時間とお金をマネジメントしていくことが課題になります。そのときに三種の神器が効力を発揮します。

　まず、インターネット上でガントチャートの無料ソフトを入手しましょう。**ガントチャート**は、アメリカのヘンリー・ガントさんという人が1910年代に考案したプロジェクト

管理のための一覧表です。フーバーダムや州間高速道路建設事業を行うときに利用されてその効力が有名になったものです。一つのプロジェクトについて、並行して進める仕事の項目がどれだけあるかを書き出してみましょう。縦軸にそれぞれの項目の担当者を決めて記入しましょう。そして横軸に項目ごとのスケジュールを記入していきます。いくつもプロジェクトがあるときは、一つずつこれをやってみましょう。そして、プロジェクトの進行に応じて、この表に各担当者が実際に要した時間を記入し、スケジュールを修正していきます。このガントチャートを関係者が共有しながらプロジェクトを進めていくわけです。そして、プロジェクトが終了したら、ガントチャートを元に作業分析をします。次に同じようなプロジェクトを行う際、どうやったら合理化ができて、生産性が上がるかを考えるのです。

ガントチャートを記入したら、続いて**組織表**をつくります。そして、これを関係者間で共有します。誰が何を担当し、責任を持って遂行するかをはっきりさせるためです。

大事なプロジェクトを行うときのおすすめは、大きなガントチャートと組織表をつくり、関係者が集まる部屋の壁に貼り出すことです。PCの中だけで情報共有するのよりも、はるかにリアリティが高まり、仕事がしやすくなります。

もう一つ大事なツール、それは**キャッシュフロー計算書**です。キャッシュフロー計算書は、現金の流れを予測する表です。どの会社でも会社経営のために使っているものですが、まちづくり会社では、ほとんど目にしたことがありません。多くのまちづくり会社が財源の確保が課題だと言っているのに、とても残念なことです。プロジェクトごとのキャッシュフロー計算書をつくりましょう。そして、プロジェクトの進行とともに、この表に実際のお金の出と入りを記入し続けます。お金の出と入りが計画通りに進行しているか、どこかで資金を調達する必要があるかどうかが一目でわかり、経営がスムーズに行われるようになります。

これらの三種の神器を使って、一つずつのプロジェクトを黒字化し、継続するまちづくり会社を経営していきましょう。

第4章
公民連携型・小規模な
リノベーション

CASE

01

北九州市小倉家守プロジェクト
リノベーションまちづくりの典型

　北九州市小倉の中心部魚町周辺エリアが変わり始めています。歩行者通行量が3年連続で上昇し、まちに賑わいを取り戻し始めています。従業者数や新規起業者数が急増しています。あちこちで古いビルや店舗や空き地のリノベーションが盛んに行われています。新しい飲食店も増え続けています。2014年3月下旬に行われたリノベーションスクール@北九州は4日間で1万9000人が参加する大イベントになりました。一気にまちが変わっていく予感がします。

　実はこの動きは、2010年度から準備が行われ、2011年度から始まったものです。ごく最近のことなのです。どうしてこんなにスピーディーにまちが変わり始めたのか、それは公と民が本当に一緒になって行っているまちづくりだからです。最初に「小倉家守構想」という都市政策が策定されました。そしてこれに基づく民間リノベーションプロジェクトが民間自身の投資で起こってきました。そこに行政はリノベーションスクールという新たな仕組みを投入しました。ますます民間プロジェクトが実現してきます。このプロセス全体を通して、公と民が同じ方向を向いて分け隔てなく議論し、お互いの役割をよく認識し、同じスピード感で動いているのです。北九州市の職員もまちづくりをする民間の人たちも、みんな横一列に並んで北九州市のあるべき姿を目指していっせいに走り出しているのです。その結果、確実にまちが変わっていくことが実証されました。

北九州市で起きている小倉家守プロジェクトのプロデュースを担当した立場から、行政の人たち、民間の人たち、大学関係者らが一緒になってつくり上げた小倉家守プロジェクトのケーススタディを、以下に記します。

小倉家守プロジェクトの始まり

　小倉で家守の活動が動き出したきっかけは、2009年に北九州市経済産業局の新産業振興課という、商店街振興とは関係のない、新産業を育てるセクションの方が、「小倉駅周辺の中心市街地の不動産がガラガラに空いてきた」と言って私のところに訪ねてきたことでした。これは、「都市型産業を振興する」ことが一番の目的で、その手段として空いている不動産を使ってくださいという依頼で、初めて「現代版家守」としての意を汲んだ注文だったと思います。そして、翌2010年に私が代表を務めるクリエイティブなシンクタンクであるアフタヌーンソサエティが、小倉における家守プロジェクトの総合プロデュースをすることになりました。

動ける組織としての検討委員会

　最初にやったことは、委員会をつくって「小倉家守構想」を策定することです。都市政策を策定すること、これを最初にやったことがその後想像以上に大きな意味を持つことになりました。
　ただし、この検討委員会は普通の委員会とするのではなく"動ける組織"として、この中からプロジェクトを生み出しましょうと提案しました。委員の中には、インタビューを経て決めさせてもらった、志のある不動産オーナー3名の方に入ってもらいました。この中には、後にメルカート三番街やポポラート三番街となるビルのオーナーである梯輝元さんも入っています。それから地元の学識経験者にも入ってもらいました。これも功成り名を遂げた偉い先生ではなく、准教授クラスで学生の信頼が厚く、フット

ワークの軽い人に入ってもらいました。やる気のある地元大学の先生に入ってもらうことはとても大切です。先生だけでなく、大学生、大学院生の人たちが加わってくれるからです。

この委員会では、「家守って何なんだ」「自立するまちづくりって何なんだ」ということを徹底的にみんなで共有しました。その上で、遊休不動産活用と質の高い雇用創出を通して産業振興とコミュニティの再生を一挙に実現させることをテーマとして、2011年2月に「小倉家守構想」を策定しました。この構想は、リノベーションまちづくりを何のために行うのかというリノベーションまちづくりの目標とそのプロセスを記したものです。都市政策にリノベーションを取り入れたのは、おそらく全国初のことと思います。

下図は小倉家守構想の概略を示すものです。

次に大事なのは、「5ヶ年計画」をつくったことです。小倉家守構想の実行にあたっては、5ヶ年計画を作成し、これに沿って民間主導・行政が支

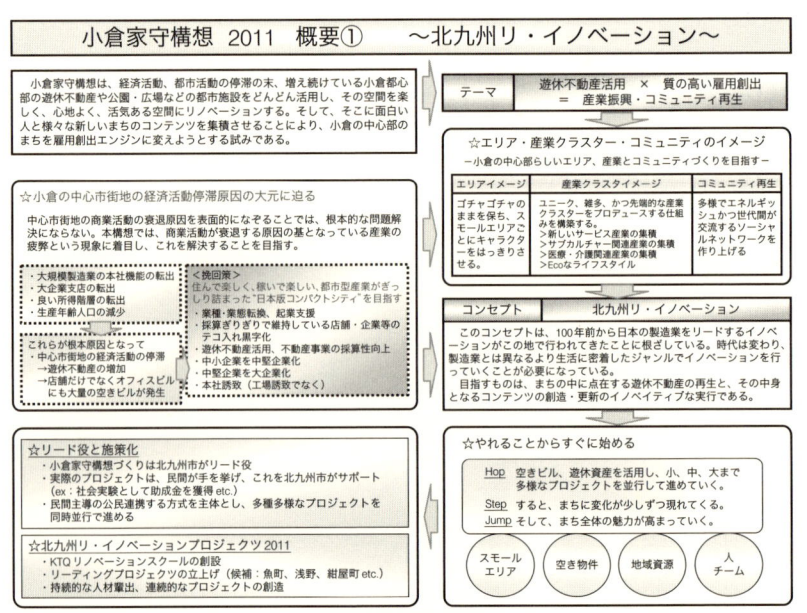

小倉家守構想の概要①

小倉家守構想の概要②

援するまちづくりを着実に進めました。その結果、予定通り成果を上げることができたのです。なぜ5ヶ年なのか、それはまちを変えるには最短でも5年くらいの期間が必要だからです。5ヶ年計画、それは5年間のまちづくりの工程表です。工程表なきまちづくりは、羅針盤なき航海のようなものです。

　小倉家守構想と5ヶ年計画、この二つがあることで、軸がぶれない民間主導の公民連携のまちづくりが実行しやすくなりました。

　次頁の図は小倉家守構想の5ヶ年計画です。

　小倉家守プロジェクト5ヶ年の進行（2010～2014年度）について説明します。

　初年度（2010年度）は、小倉家守構想を検討、立案することとともに、不動産オーナー、民間自立型まちづくりを目指す人たちを主な対象にした家守講座を開催しました。また、後にリノベーションスクールにつながる

小倉家守プロジェクツ 5ヶ年計画
中心市街地の遊休不動産を活用し、都市型産業集積をつくり出す

①初年度 2010年度	②2年度 2011年度	③3年度 2012年度	④4年度 2013年度	⑤5年度 2014年度
小倉家守構想検討委員会設置 構想検討・立案	全体プロデュース 案件フォロー リノベまちづくり推進協議会 設立準備	全体プロデュース 案件フォロー リノベまちづくり推進協議会 設立 北九州家守舎 設立	【全体プロデュース】 【案件フォロー】 【オーナー啓蒙活動】 【都市型産業育成】 商売繁盛塾 空き物件イベント 空き物件悉皆調査 起業支援	全体プロデュース 案件フォロー オーナー啓蒙活動 家守育成塾 空き物件イベント 都市型産業育成 起業支援塾 商売繁盛塾
エリアの選定 リノベ可能性物件調査 家守講座 不動産オーナーヒアリング 候補案件抽出 コンサルティング 3大学との連携 リノベーション・シンポジウム開催	リノベーションスクール No.1 リノベーションスクール No.2 リノベ特区関連調査（第1期） 【メルカート三番街】 【フォルム三番街】 実プロジェクト化	リノベーションスクール No.3 リノベーションスクール No.4 リノベ特区関連調査（第2期） リノベ支援策発表 【ポポラート三番街】 【松永ビル】 【サンリオビル】 【三木屋ビル】 実プロジェクト化	リノベーションスクール No.5 リノベーションスクール No.6 リノベまちづくりセンター設立 小倉リノベまちづくり出版企画 【尾崎繊維ビル】 【中屋ビル】 【平井家】他	リノベーションスクール No.7 リノベーションスクール No.8 新たなリノベ支援策検討 リノベまちづくりセンター設立（活動） 小倉リノベまちづくり出版 継続的な実プロジェクト化

小倉家守構想の5ヶ年計画

リノベーションシンポジウム開催等の啓発活動を、積極的に行いました。一方、個別の不動産オーナーで志を持つ人たちの候補者に対するヒアリングおよびコンサルティングワークを何度も行いました。そして、初年度の後半に小倉家守構想を実行するための「5ヶ年計画」(案)を作成し、北九州市に提案しました。

　こうした一連の活動の中、小倉家守構想検討委員会開始から半年経たないうちに一人の不動産オーナーが自らの空き物件を活用して自ら家守事業を行うことを表明してくれました。どんなに立派な政策をつくってみても、それが実現されなければ絵に描いた餅になってしまいます。一人の不動産オーナーの家守になるとの意志表明から、家守による小倉リノベーションまちづくりが実質的にスタートしたのです。

小倉家守構想のビジョンに合うコンセプトのプロジェクトを結果として実現できなければ、都市政策をつくった意味がありません。そういう考え方のもとに、実プロジェクト化を徹底的に目指したのが功を奏したと思います。

　翌年の2年度（2011年度）には、実プロジェクト化された案件が早速誕生します。15年間使われていなかった木造2階建ての建物を10店舗のインキュベーション施設に変えるプロジェクトが2011年6月初頭にオープンしたのです。「メルカート三番街」です。小倉家守構想に掲げたヴィジョンを実現するリーディングプロジェクトです。構想が絵に描いた餅ではなく、まちで実物大で出来上がったのです。見にいき、手で触ることができます。「メルカート三番街」はメディアの注目を浴び、九州地区の主要新聞各紙に大きく取り上げられました。北九州で初めて補助金を一切使わない民間主導のまちづくりプロジェクトが実現したことがニュースになりました。新聞各紙に続いてTVにも取り上げられ、集客ができるようになりました。そして、このプロジェクトができたことによって周辺エリアの不動

▲Before
15年間空き店舗だった2階建ての建物

▲After
個性豊かな10店舗が2011年6月1日にオープン

メルカート三番街　店舗型インキュベーション施設の誕生

第4章　公民連携型・小規模なリノベーション　｜　99

産オーナーの意識が変化し始めました。

　2年度（2011年度）夏、「リノベーションスクール」をスタートさせました。五つの空き物件を題材としてリノベーション事業提案をつくり不動産オーナーに提案するというものです。これ以降、リノベーションスクールがエンジンとなって小倉魚町周辺エリアのリノベーションまちづくりがグングン進行していくことになったのです。（リノベーションスクールについては後述します）

　3年度（2012年度）は、リノベーションプロジェクトがいくつも実現しました。また、リノベーションまちづくりを推進する組織がいくつも誕生しました。一つは、「リノベーションまちづくり推進協議会」という半官半民の組織です。民間不動産オーナー、家守チーム、大学の先生と生徒たち、事業オーナーと行政職員が本当にフラットな立場で集う場です。リノベーションまちづくり推進協議会は、リノベーションスクールの受け皿として機能しています。続いて誕生したのが、「北九州家守舎」です。北九州家守舎は、民間の自主自立型まちづくり会社です。リノベーションの実施企画、プロジェクトマネジメント、および完成後の運営管理を行う組織です。ま

市長も参加してのポポラート三番街のオープニングセレモニー（2012年4月1日）

ポポラート三番街の模型

女性出店者と女性客であふれるポポラート三番街店内

　た、必要に応じて自ら内装・設備等の投資を行い、不動産オーナーからマスターリースしたスペースのサブリースも行います。北九州家守舎ができたことで、リノベーションスクールで題材として取り上げた物件が次々に実案件化するようになりました。

　中でも、魚町銀天街に面する大きな空きビルの2階に誕生した「ポポラート三番街」は画期的な施設です。約120坪のスペースに50人を超えるものづくりをする人たちがアトリエ兼ショップを構えました。今までは、家庭内で作業をしていた人たちがまちなかに出てきたのです。リーズナブルな賃料がこれを可能にしました。商業テナントに代わる新しい事業オーナー群が誕生したのです。

　2年目を迎えたリノベーションスクールは、回を重ねるごとに改良が加えられて事業提案の熟達度が高まりました。その結果、実プロジェクト化する案件が増えてきました。

　4年度（2013年度）は、3年度と同様にリノベーションプロジェクトがいくつも実現しました。

　また、北九州市の成長戦略に"リノベーション"が加えられました。

　リノベーションスクールは、さらに進化しその内容を拡充し、不動産オーナーのためのリノベーションスクールや実際に小倉のまちの通りを使った公共空間を使い尽くす社会実験などが加えられました。

さらに、こうしたリノベーションまちづくりのノウハウを蓄積し研究する「リノベーションまちづくりセンター」が設立されました。リノベーションまちづくり学会の設立に向けて、準備活動が始まったのです。

5年度（2014年度）に行っていることは、実プロジェクト化を爆発的な勢いで実現することです。今、リノベーションスクールで取り上げた案件が次々に実プロジェクト化しています。

さらに、道路という公共空間を公園化し、車を気にせずに安心してゆっくり過ごせる歩行者エリアづくりや、利用度の低い都市公園の活用など、大きいリノベーションプロジェクトに取り組み始める予定です。

また、小倉地区以外の門司、黒崎など他地区へのリノベーションまちづくりの水平展開を行うことが始まります。

リノベーションスクールの他の都市での展開も2013年度から始まりました。2014年度から全国展開が本格的に行われます。

北九州で行ってきたリノベーションまちづくりのノウハウを伝える出版活動も行う予定です。

これが丸4年間の活動を通じて起きてきていることです。継続してリノベーションまちづくり活動が北九州市内の多くのエリアで展開できるようになることを目標としています。まさに北九州市ではそれが実現しようとしています。民間主導で公民が連携するまちづくりの取り組みが着実に成果を上げているのです。

5年間で行ってきたことを整理すると以下の通りです。
- ●初年度（2010年度）に行ったこと
  - ・小倉家守構想委員会の設置、構想検討、「小倉家守構想」立案
  - ・対象エリアの選定
  - ・リノベーション可能性案件の調査
  - ・家守講座の開催
  - ・不動産オーナーヒアリングの実施

- 不動産オーナーに対するコンサルティング
  - 市内3大学との連携
  - 5ヶ年計画（案）作成
  - リノベーションシンポジウムの開催
- 2年度（2011年度）に行ったこと
  - 実プロジェクトの立ち上げ
  - リノベーションスクールの開催
  - リノベーション特区関連調査
- 3年度（2012年度）に行ったこと
  - 実プロジェクト化
  - 市の成長戦略に"リノベーション"が加わる
  - 「リノベーションまちづくり推進協議会」設立
  - 「北九州家守舎」設立
  - リノベーションスクールの内容の充実
- 4年度（2013年度）に行ったこと
  - 実プロジェクト化
  - リノベーションスクールの拡充
  - 「リノベーションプラン評価事業」開始
  - 「リノベーションまちづくりセンター」設立
- 5年度（2014年度）に行っていること
  - 爆発的な実プロジェクト化
  - 小倉以外の他地区への水平展開
  - リノベーションスクールの全国展開
  - 出版活動

　これらが北九州市小倉で行ってきた小倉家守プロジェクトのプロデュースの経緯です。民間主導で公民連携することで、確実にまちが変わっていくことが実証されています。

重要なのは、ヒューマンリレーションづくり

　小倉家守プロジェクトが着実に成果を上げているのは、公と民が共に手を携えて同じ方向を目指してやるべきことをしっかりやっているからです。それは、ヒューマンネットワークと組織づくりによって支えられています。

　まちづくりのためのしっかりしたヒューマンネットワークをつくり上げるためには、そのコアとなるメンバーをまちの中から探し出してこなければなりません。いい加減な人が入り込んでくると、それがまちづくりの阻害要因になってしまうことがよくあります。

　遊休不動産が増え続ける状況下でのまちづくりのメインプレイヤーは、不動産オーナーと家守です。志を持つ不動産オーナーと家守をどうやって見つけ出したらいいでしょうか。北九州市の場合は、行政の方に何人かの候補者を挙げてもらい面接を行いました。また、家守講座を開き、不動産オーナーと家守候補者に集まってもらいました。さらに、あらゆる機会を利用して飲み会を開催しました。最もリラックスしているときに、その人が本当に考えていることが出てくるからです。飲み会以外だと祭りの機会が人を見分ける上で良い機会かもしれません。祭り以外でも、一緒に汗を流す場面も人間性がわかるチャンスです。その他に良い方法があるといいのですが、これらに変わる方法はまだ見つかっていません。信頼できる人間関係をつくるのは、どうしてもアナログ的になりますね。

　行政側の方々についても同じです。公の立場にこだわりすぎて自分の本心をひた隠しにしているタイプの方は不向きです。責任感を持ちながら、公だから民だからという境目なく、同じ目標に向かって同じ土俵に乗れる人が良いです。はっきりした意見を正直に言うタイプの人が向いています。公も民もお互い腹を割って話し合える信頼関係が最も大切だからです。

　こうした信頼できる少人数の公民チームづくりを行っていく際大切なことがあります。それは、このプロセス自体をできるだけオープンにするこ

とです。開かれた場をつくることです。いつでも出入り自由、参加したい人が参加する。抜けたい人はいつでも抜けられる。ただし、一生懸命やっている人たちの足を引っ張ってはいけない。オープンマインドで、ポジティブに活動を続けていくグループなのだということをはっきりさせておくことが大切です。

コアとなる公民チームが固まってプロジェクトが動き始めてくると、その周りにそれに賛同する人たちが次第に集まってきます。志を持つ人間たちの動物磁気が、それに共感する人たちを呼び寄せるのです。そして、これらの人たちの中で自己組織化がゆるやかに始まります。こうなれば、まちづくりはトントンと進んでいきます。

自己組織化とは、自律的に秩序を持つ構造をつくり出す現象のことで、自発的秩序形成とも言います。つまり、まちづくりを行う人たちが、互いにコミュニケーションをとりながら自主自立的に同じ方向を向いて行動を起こしていくことです。

それぞれの地域で志を持つ人たちが自己組織化し民間主導のまちづくりを始めるようになる、これがこれからのまちづくりの根本です。それぞれの地域は、そこに住む人たち自身が自立した活動を行わない限り維持することが困難だからです。

北九州市小倉では、梯輝元（かけはし）さんという不動産オーナー自らが家守になりました。小倉家守構想に基づくリーディングプロジェクト「メルカート三番街」を立ち上げました。梯さんの小倉祇園太鼓のときの熱の入れようは尋常ではありません。まちを本当に愛している人です。最初のプロジェクトが成功を収めると、周囲の不動産オーナーの人たちがその後を追ってきました。これも自己組織化の一つです。スモールエリア内の不動産オーナーの方々が連携する動きが始まったのです。

リノベーションスクールを開催する中から、若い家守チームができてきました。株式会社北九州家守舎です。家守講座や第1回リノベーションス

クールに参加した人たちが10万円ずつ出し合って会社を設立しました。社長は建築家の嶋田洋平さん（らいおん建築事務所）、取締役に徳田光弘さん（九州工業大学准教授）、片岡寛之さん（北九州市立大学准教授）、遠矢弘毅さん（カフェカウサオーナー）というメンバーで、年齢は30代から40代です。リノベーションスクールで取り上げた案件の実プロジェクト化とそれらの運営管理で大活躍しています。2人の大学の先生に連れられて大学生、大学院生たちが小倉家守プロジェクトやリノベーションスクールに多数参加してきました。その中でまた様々な動きが始まろうとしています。北九州家守舎は、リノベーションスクールの講師の人たち（その多くがHEAD研究会メンバー）と組んで、リノベーションプロジェクトを実行し始めました。

　こんな風に、小さな信頼できる人たちの集まりが雪だるま式に自己組織化し始め、人のつながりをグングン拡げています。リノベーションまちづくりは、ヒューマンリレーションづくりなのです。

リノベーションまちづくりのフルーツバスケット

リノベーションスクールという発明品

　小倉家守プロジェクトをプロデュースする過程で、思いついたのがリノ

ベーションスクールです。もともと、家守塾という集中特訓方式による現代版家守の育成を 2005 年から行ってきました。小倉家守プロジェクトにおいても、初年度に 2 回家守育成講座を開いています。

　一方、建築と不動産が融合する時代を迎えた中で、HEAD 研究会という建築、不動産、建材・部品の学者・研究者、デザイナー、事業家を組織した一般社団法人を 2007 年頃からつくってきました。HEAD 研究会は現在会員数（法人、個人）200 名を超える組織になり、活発な活動を行っています。HEAD 研究会の活動、特にリノベーションタスクフォースという建築のリノベーション事業を行っている人やリノベーションのデザイナーたちを集めた委員会のやりとりを見ていて、大学での建築教育が新築の教育に偏っていることに気づきました。

　こうした中で 2010 年の秋、小倉家守プロジェクトを動かしていくために、エンジンの役割が必要なのではないかと思うようになりました。そこで、小倉家守プロジェクトの第 2 年度に北九州市に導入したものが、リノベーションスクールです。そして、リノベーションスクールは、実際にリノベーションまちづくりのエンジンとなりました。不動産オーナーから実際の空き物件を題材として提供してもらい、これをリノベーションする事業提案を全国各地から集まった受講生たちが 3 泊 4 日で検討し、不動産オーナーに提案するスクールです。初回は HEAD 研究会がリノベーション

リノベーションスクールの様子

スクールの事務局を担当しました。毎回4、5ユニット各10名の生徒たちをリードする先生役は、大島芳彦さん（ブルースタジオ）、馬場正尊さん（オープンA）、嶋田洋平さん（らいおん建築事務所）、青木純さん（メゾン青樹）他のリノベーション事業に精通した専門家たちです。これに、松村秀一さん（東京大学）、田村誠邦さん（明治大学）、徳田光弘さん（九州工業大学）他の研究者が座学を教えます。リノベーションスクールは本邦初の試みとして注目を集めています。2011年度から半年に1回ずつ開催、毎回4〜5案件を取り上げてきました。これまでにスクール終了後家守チームが不動産オーナーと相談し、題材となった案件の多くが実プロジェクト化されています。合わせて、リノベーションの専門家が養成されます。全

▲Before　　　　　　　　　　　▲After　7ブースのシェアオフィス
スクールがもとでプロジェクトが実現した案件・MIKAGE 1881

▲Before　　　　　　　　　　　▲After　レンタルスペースとカフェ
廃屋寸前の民家をリノベーションした三木屋

国の大学では、依然として新築の学問が中心でリノベーションについて教えていません。リノベーションスクール@北九州は、今や大変貴重な存在になってきました。

また、リノベーションスクールを始める前の2011年3月に行ったHEAD研究会によるリノベーションシンポジウム@北九州が、志を持つ不動産オーナー並びに家守チームをつくろうとする人たちを啓発することに大いに役立ったことも特筆すべきことです。

現在までにリノベーションスクールは半年に1回ずつ計6回北九州市において開催されました。そしてスクールで題材として取り上げられた空き

▲Before　　　　　　　　　　　▲After　音楽とマンガが楽しめるカフェ
Rocota Cafe（尾崎繊維ビル）

▲Before　　　　　　　　　　　▲After
ヴィッコロ三番街（中屋ビル）

第4章　公民連携型・小規模なリノベーション　|　109

物件が次々にプロジェクト化しリノベーションまちづくりを牽引しています。リノベーションスクールは、そこに全国から集まってくるリノベーションまちづくりを目指す生徒たち（20代から50代くらい）の実践的な教育の場でもあります。また、不動産オーナー、家守チーム、大学の先生と大学院生・大学生達、銀行と行政関係者が一同に会するフラットな場です。毎回リノベーションスクールが終了すると、即座に家守チームがプロジェクト化に向かって不動産オーナーと打ち合わせを始めます。そしてリノベーションプロジェクトを実行し、運営管理していきます。さらに、関係者全員がリノベーションスクール終了後1、2週間後に集まります。そして、終わったばかりのリノベーションスクールの反省と、次回リノベーションスクールの打ち合わせをさっそく開始するのです。

　2013年の終わりから、全国各地でリノベーションスクールが開催される

ママトモ魚町とカルディコーヒー（旧サンリオビル）

火災で焼けた平井家跡地に移動カフェと屋台を設置

ようになり始めました。いずれも北九州で行われたリノベーションスクールに参加した都市の人たちが自分たちのまちでも開催してほしいと切望し、実施しています。2013年11月静岡県熱海市で開催。2014年1月和歌山県田辺市で開催。2014年2月和歌山市で開催と続いています。リノベーションスクールに実際に参加して体感する何かがあるようです。そして、いずれの都市においてもその都市に居住する、あるいは関係する20代から30代の男女がリノベーションスクールに積極的に参加するようになってきました。参加者は自分たちが暮らすまちの近未来を自分たちでつくっていけるのだと実感しているようです。北九州市から始まったリノベーションスクールは、今や全国レベルに発展・進化し、民間主導・公民連携のまちづくりを推進する一つの大きな手段になり始めたようです。

フラットな場づくり

　民間主導・公民連携のリノベーションまちづくりを進めるためには、まちづくりのプレイヤーがフラットな場に集まることが必要です。行政という大きな大家さんがラウンドテーブルを用意することが重要なのです。従来、中心市街地のまちづくりと言えば、行政が旗振りし、商店街振興組合、商工会議所など商業関係者が中心になって進めてきました。しかし中心市街地活性化法（1998年制定、2006年改定）の下で、本当に活性化した中心市街地はあるのでしょうか？　惨憺たる状況がほとんどの地方都市で広がっているだけです。これからの時代のまちづくりのプレイヤーは、これまでのまちづくりの常識を捨て去り、これまでの手法と訣別することから始めるべきです。これまで多額の国税を投入しながらほとんど効果を上げることができなかったのですから、当然のことだと考えます。

　小倉では「北九州リノベーションまちづくり推進協議会」という半官半民の組織体をつくりました。不動産オーナー、家守チーム、大学の先生と生徒たち、事業オーナーの方々と行政職員が主要メンバーです。従来の商店街組

織ではない、新たな目的性を持った組織体をつくっていくことは大事です。それは半官半民がいいと思います。大学も入ってもらったほうがいいです。

また、半年ごとに開催されるリノベーションスクールも、フラットな場として重要な役割を果たしています。開催準備、対象物件選定、スクール以外の社会実験イベント、広報活動などを、リノベーションまちづくり推進協議会の面々が中心となり進めていきます。そして、全国から参加者を集めて、外からやって来た人たちと一緒になって魅力的な事業提案を熱心につくり上げるための舞台裏を支えていきます。そしてスクールが終了したら、直ちに次のスクールの準備にかかります。その様子を見ていると、実にフラットな人間関係が出来上がってきているのだということがわかります。

フラットな場づくりから小倉家守プロジェクトを推進する様々な組織と実プロジェクトが生まれているのです。これらをまとめたのが下の図です。

北九州リノベーションまちづくり推進協議会を中心にして、三番街家守、

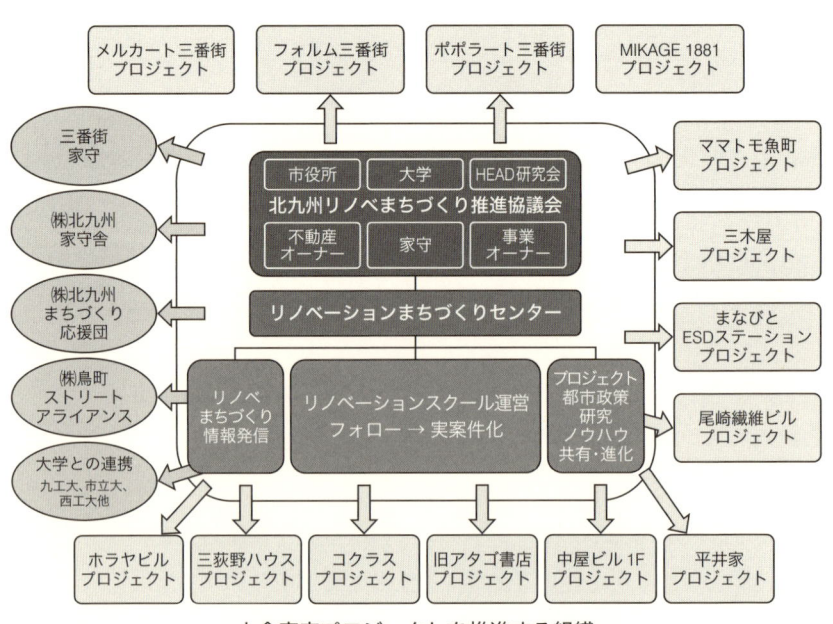

小倉家守プロジェクトを推進する組織

北九州家守舎、北九州まちづくり応援団、鳥町ストリートアライアンス、リノベーションまちづくりセンターという、五つのそれぞれタイプの異なる民間自立型まちづくり会社が組織されて、活動を行っています。そして、リノベーションスクールをエンジンにして、実プロジェクトを次々につくり出しています。

家守チーム結成のススメ

　家守は、個人が単独で行うのではなく、チームを組んで行うのがいいです。いろんな人が集まったほうがいいです。小倉でリーディングプロジェクトを推進した初期の家守チーム「三番街家守」は、不動産オーナーである梯輝元さんと、北九州市黒崎出身の建築家・嶋田洋平さん、そしてそのお父さんで、もともとビルの管理やテナントリーシングをされている嶋田秀範さんの3人が中心になりました。メルカート三番街を進めるにあたっては、設計とともに全体のディレクションを行った嶋田洋平さんと、そのお父さんである嶋田秀範さん親子が大活躍をされました。ものづくりに携わる若い人たちに商売をしてもらえるステージをつくろうということで、そうした方々にいくらだったら入居できるかを聞きました。「絶対賃料」です。そしてそれをもとに空間を割ると10店舗がいいだろう、ということになりました。これを4年で回収する投資計画を立て、それに見合ったリノベーションをしました。

　テナント付けもこのメルカートの10店舗のみならず、ポポラートでは家具やアクセサリー等をつくるクリエーターの方50人余りを、家の中から魚町に引っ張り出してきました。これは本当にすごいことだと思います。

　そういうふうに、家守はチームでやるのがいいです。3、4人のチームがいいと勧めています。小さい家守チームをつくって、リスクを負って何かを始めることから、まちづくりが始まります。腹を割って話せる人が3、4人集まって、何万円、何十万円という少額の出資でいいから、会社をつく

って物事を進めると、軸がぶれません。そこで実績をつくると周りの人たちが認めてくれますから、徐々により多くの人を巻き込んでいくことができるようになります。

　よく「一つのまちに一つの家守チームがあったら十分じゃないですか」と聞かれますが、そんなことはありません。一つのまちにいくつかの小さな家守チーム、まちづくり会社が生まれていくのが、理想だと思っています。一つだけの家守チームだと、一つの傾向に特化した、平板なまちができてしまいます。いくつものまちづくり会社があると、多様な事業オーナー、多様な都市居住者を集めることができてきます。

　家守チームをつくり、動いてから、考える。そして出てきた結果を見て、また考える。修正を加えてまた試す。こういうPDCAサイクルを面白がって回していかないと、まちは変わっていかないでしょう。

　リノベーションまちづくりを車に例えると、北九州市の掲げた戦略的都市政策「小倉家守構想」と「5ヶ年計画」は自動車の車台にあたります。それだけではもちろん車は走ることはできません。車台の上にリノベーションスクールというエンジンを載せます。でもまだ車は走りません。そこで車輪となる民間の家守会社であるリノベーション事業者が必要となります。これでリノベーションまちづくりのすべての条件が整いました。車はどんどん進み出します。

　さあ、皆さんが暮らしているまちでリノベーションまちづくりを始めてみましょう。

　小倉家守プロデュースの現場を通して、また全国各地で行っているリノベーションスクールにおいて、そのまちで生まれて、そこに暮らしている20代から30代の人たちが真剣にまちとまちの中の近未来の暮らし方を提案しています。これを見ると、既存のまちを使い尽くすことで、なんて素敵な暮らし方が実現できるのだろうということがよくわかります。未来は、若い世代の中にあるのです。

CASE
02

千代田 SOHO まちづくり
現代版家守事業の始まり

　現代版家守事業の始まりは、1992年の東京表参道周辺で地上げ跡地の民家を4軒まとめて借りてアフターヌーンソサエティをスタートしたところにあります。前年の1991年バブル経済が崩壊し、表参道の交差点周辺には地上げ跡地が点々と存在していました。そこで、廃屋となった民家をリノベーションしてオフィス、兼ねてやりたかった飲食店舗等を開きました。

　初めて行った飲食店がことのほか大繁盛しました。そうしたら、この飲食店の周辺に3年間で25店舗ほどの店舗が進出し、地上げ跡地の路地がにわかに活性化しました。民間のちょっとしたことがきっかけとなり、小さなエリアが変化することを身をもって体験しました。

地上げ跡地の廃屋をコンバージョンしたライツバール（1年後にワインレストランボルドーセラーに）

青山パラシオプロジェクト（表参道に面した再開発プロジェクト）

　もう一つ表参道周辺で経験したことがあります。1992年の秋、表参道交差点近くの1900坪ほどの土地を再開発するプロジェクトのコンセプトワークに加わりました。当時、表参道に沿ったエリアは、ストリートファッション系やカジュアルファッションの店が続々と進出していました。しかし、世界の主要都市のトレンドを観察していたので、世界のブランドショップが表参道に立地する可能性があるのではないかという意見を出しました。ブランドショップの旗艦店、250坪から300坪ぐらいの規模の店が路面店として計画できるようにすべきだというものです。最終的にこの意見が採用され、建物の建設が始まりました。そうしたら、このスペースをめぐり激しい場所取り合戦が始まりました。その結果、当時の表参道の路面店の家賃をはるかに上回る高額の家賃が最終的に出され、表参道沿いに世界的なブランドショップが出店しました。1店舗が出店するこのインパクトが、表参道と根津美術館につながるみゆき通りに出てきました。表参道とみゆき通りは瞬く間にブランドショップストリートになりました。

　またしても、民間の一つのプロジェクトが通りを変える動きをつくり出したのです。これらの結果から、民間でまちは変えることができるかもしれないと考えるようになりました。

　さらに、再開発プロジェクトで学んだことがあります。それは、都市の

魅力を高める建築の計画と経済メカニズムが一致するポイントがあるのだということです。普通、都市の魅力を高める建築の計画を追求すると、コストが高くなりすぎて採算割れしてしまうと言われています。しかし、実際にきちんとコンセプトを考え、きちんとプロジェクトのマネジメントを行いコストを管理すると、都市の魅力を高める行為と事業収支は一致するということがわかりました。

そこで、「都市魅力の経済研究会」というグループを組織しました。そこでは、都市計画や建築計画のようなハードの計画と経済メカニズムがどのように作用するかということをいろんなジャンルの専門家に集まってもらい議論を進めました。とても面白い研究会でした。

「都市魅力の経済研究会」の主要メンバーの一人、根本祐二さん（当時は日本政策投資銀行に在籍）から、千代田区でSOHOまちづくり研究会というものを行っているので、これに参加してほしいという話がありました。2002年のことです。そして、千代田SOHOまちづくり研究会に参加したことが、現代版家守を始めるきっかけになりました。

研究会に参加してみたら、千代田SOHOまちづくりの骨子はすでに決まっていました。それは、老朽化した空きビルにSOHO事業者を集積化することによりまちを活性化するというものでした。私に与えられた課題は、これをどう実現したら良いかというものでした。

そこで、対象エリアである神田駅周辺の老朽化した空きビルをタイプ別に調べて、20坪、30坪、40坪、50坪、100坪以上それぞれの具体的な使い方とそれにかかるコストと収入を組み立ててみました。またこれらをどのような手順で行っていったら良いか、エリアを変えるプロセスを提案しました。2002年の夏から秋にかけてのことです。これらをまとめて、2003年3月に千代田SOHOまちづくり構想（後に家守構想）と呼ばれるものが発表されました。

「中小ビル連携による地域産業の活性化と地域コミュニティの再生〜遊

休施設オーナーのネットワーク化と家守によるSOHOまちづくり施策の展開〜」というもので、遊休不動産活用とSOHO事業者集積をつくり出すという二つの課題を同時に一石二鳥で行ってしまう画期的な内容でした。この構想の提案を千代田区に対して行い、都市政策化することをお願いしましたが、残念ながら採用されませんでした。しかし、新聞等のメディアではこの構想が報道され、一定の効果を上げることとなります。

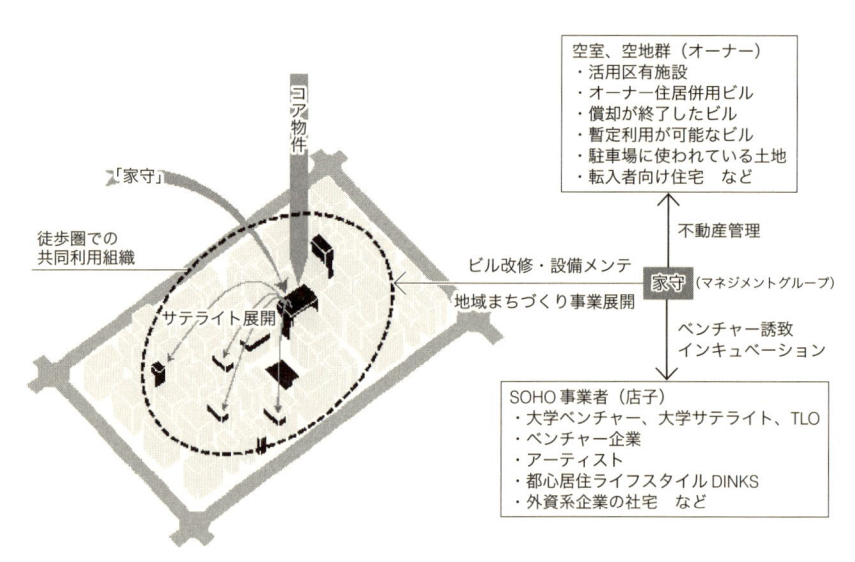

SOHOまちづくり事業のイメージ

CASE

03

神田RENプロジェクトと Central East Tokyo

　千代田SOHOまちづくり構想づくりに関わった人たち数十人が神田の居酒屋の2Fで、この構想を実現しようと、2003年5月の神田祭の直後に集会を持ちました。続いて、2003年8月8日、千代田SOHOまちづくり構想で拠点として使い方を検討した神田駅西口近くの老朽化した空きビルの2Fワンフロア105坪を使って、「神田RENプロジェクト」の旗揚げが行われました。RENは、Regeneration Entrepreneurs Network（都市を再生する起業家精神を持つ人たちのネットワーク）の頭文字をとったものです。会場を暗くしてクラブ風に雰囲気を盛り上げました。ここに神田・裏日本橋エリアの再生に関心を持つ人たち百数十名が集まりました。RENプロジェクトの趣旨を説明し、空き不動産の活用、この地域に新しい人材を呼び込むこと、持続型の産業創造を行うこと、家守型のタウンプロデュースを行うことなどを目的とした神田・裏日本橋活性化プロジェクトを開始することを宣言しました。そして、REN-BASEを拠点とする神田・裏日本橋地区での現代版家守の活動が始まりました。

　プロジェクトの旗揚げをパーティ形式で関心を持ってほしい人たちを集めて行うことは、極めて大切です。その場から面白いプロジェクトが始まったという情報が口コミで伝わっていきます。これがとても重要なことなのです。

2003年は、オフィスビルの2003年問題が発生した年です。六本木ヒルズに代表される大型高機能な新しいオフィスビルが続々と誕生しました。その余波を老朽化したペンシルビルが立ち並ぶ神田裏日本橋地区が受けました。空きビルが大量発生し、家賃は下落しました。特に繊維問屋を中心に約4000軒の問屋が並ぶ馬喰横山地区には、実質的な空きビルが集積していました。これらの空きビルを活用し、そこにあらゆるクリエイター職種の人たちを入れることにより地域を再生しようという試みが旗揚げしたわけです。そして老朽化したビルの1フロア約105坪を拠点とする民間自立型まちづくり活動が始まったのです。まずはまちづくりの拠点を交通の便の良いところに持とうということで、REN-BASE UK 01は神田駅西口から徒歩1、2分のところにつくりました。2003年10月のことです。拠点REN-BASE UK 01は、家守活動を行う地域の寄合所となりました。地域の不動産オーナー、町会の人たち、クリエイター、大学関係者などが連日集まる場所になりました。拠点の維持費は、ここを15ブースのシェアオフィスとして民間が運営することで賄われました。

　このようにして、神田RENプロジェクトは千代田SOHOまちづくり構想検討から生まれてきました。

　民間自立型まちづくり活動のグループ形成、拠点づくりと並行して進められたのは、まちづくりの対象となるエリアの選定です。2003年5月の神

空きビルの一室で行われたRENプロジェクト旗揚げパーティ風景（2003年8月8日）

田祭のとき、千代田区役所の職員の方に案内してもらって神田祭の氏子の町々を巡りました。各町内の様子は、お祭りのときに最もよく現れるからです。2年に1回開催される表祭りの際、108基の神輿が出ます。神輿が出る町内の様子は実に様々です。人影もまばらで、ほとんど住んでいる方がいない町内もあります。また、ものすごく大勢の人で賑わっている町内もあります。よそ者に対して冷たい町内もあります。よそ者に対して寛容に受け入れてくれる町内もあります。神田祭の氏子の町々を巡りながら行ったこと、それはまとまりが良くよそ者に対して寛容な町内はないだろうかと見て回ったことです。

　そこで出会ったのが、千代田区の東の端にある東神田町会というところです。まとまりが良く、町内の人もよそ者も混ざり合って実に良い雰囲気でした。東神田町会は、繊維問屋を主体にした問屋が集積するエリアです。またキングジム、吉田カバン、龍角散、エトワール海渡等の会社が盛んにビジネスを行っているエリアでもあります。このエリアが良いと思いました。よそ者に寛容なコミュニティで、かつまちづくりに熱心な人がいるからです。

　神田祭の場で、30年間このエリアでまちづくりを一生懸命やっている鳥山和茂さんという方に出会いました。本業は、タオルの卸問屋を経営している方です。神田祭が終わった後、鳥山さんとじっくり話をしました。鳥山さんによると「もうこのまちはダメなんじゃないかなぁ？」「これだけまちづくりを一生懸命やっているのに全然変わっていかない」と少し悲観的な感想を話されていました。そこで、「このまちにまだポテンシャルが残っている可能性があるかもしれません。試してみましょう」と話しました。それは、東神田エリア一帯にたくさんある遊休化した不動産を使って、10日間ほどのアートデザインイベントをやってみようという提案です。

　続いて、鳥山さんのところに佐藤直樹さんを連れていきました。佐藤さんはグラフィックデザイナー、アートディレクターで多摩美術大学でも教えている方です。表参道青山周辺で行っていたTDB (東京デザイナーズブ

ロック）の主要メンバーの一人でもあった方です。鳥山さんと佐藤さんはじっくり話し合い、東神田エリア一帯で2003年11月下旬にアートデザインイベントを開こうということが決まりました。

　そこからアートデザインイベントの準備が着々と進んでいきます。このアートイベントが Central East Tokyo (CET) です。鳥山さんの紹介で東神田エリア一帯の空き物件で使えそうなものを見分けることが始まりました。連れていってくれる空き物件のほとんどが、現状回復済みの小綺麗な空きオフィスでした。現在空いていて、当分使われることがなさそうだ。真っ白な壁に絵をかければすぐにギャラリーになるのではないかというのが地元側の案内してくれた理由です。しかし、佐藤さんをはじめとする目利きチームは、これらの現状回復済みの空きオフィスには全く関心がないという反応でした。佐藤さんチームが関心を示す物件は、柱が傾いて住めなくなった廃屋同然の民家とか、ものすごく老朽化した古いビルで、くすんだ階段や廊下が歴史を感じさせる建物とか、公共地下道で広告看板がガラガラに空いているところなどでした。使ってみたい空き物件に対する価値観の食い違いは衝撃的なものでした。何日間かの空き物件選定のプロセスを経て、地元側も佐藤さんチームがどういう空き物件を求めているのかがようやくわかるようになってきました。つまり、一般の不動産流通に出回っている様な案件は全くつまらない案件だということです。リノベーションの対象となる案件は、不動産仲介業者が一般的に取り扱っているような案件ではなく、こんなにボロボロの案件はお客さんがいないだろうから流通に回さないという隠れた物件がほとんどでした。

　こうしているうちに、神田駅西口近くのまちづくり拠点 REN-BASE UK 01 のリノベーション工事が着々と進行し、2003年10月1日、オープンします。そして、ここを拠点とする、行政の補助金に頼らない民間主導のまちづくり活動としての現代版家守事業が本格的にスタートします。REN-BASE UK 01 は、まずアートデザインイベント CET の事務局として使われ始めました。

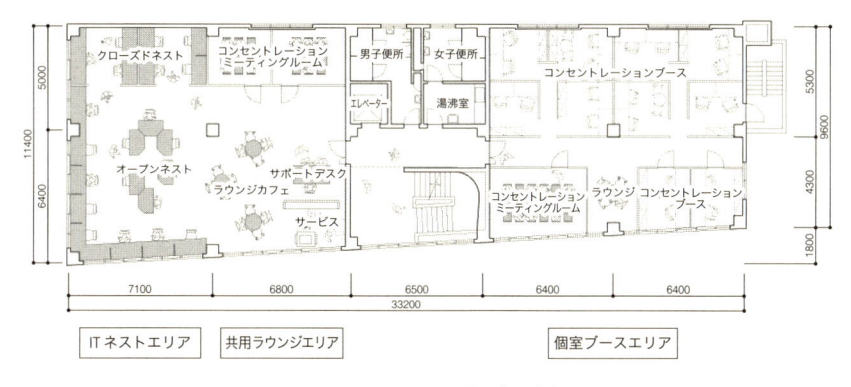

REN-BASE UK 01 のレイアウト

　現代版家守事業は、民間が民間のお金とエネルギーでまちを変えていく試みです。補助金には一切頼らないものです。そしてその進め方は、"複線型まちづくりシナリオ"に基づくやり方をお勧めします。まちは多様でたえず動き続けています。まちは、まちに暮らす人たちの意識と、エネルギー、経済の動き、情報、物流システム、社会制度等々がつくり出す複雑系です。そういう多様性を持つ"まち"を動かしていくためには、何か一つだけ行えば目指す方向に変化が生まれてくるというものではありません。第一、単線でまちづくりを進めていくと、どこかで壁にぶち当たると動かなくなってしまいます。複線型で走らせると、どこかのラインがどこかのタイミングで花を開かせます。そうすれば、まちづくりは動き続けます。

　神田・裏日本橋エリアで行った現代版家守のまちづくり活動は、"複線型まちづくりシナリオ"に基づくものです。それは、七つのラインが並行して進んでいくというものです。
　まず、拠点を持つこと。次に地域プロモーション活動を行うこと。大学のスタディーグループを誘致すること。具体的な成功事例となるスモールビジネスモデルを立ち上げ成功させること。市民型ファンドの立ち上げ。家守の育成。そして、公民連携。以上七つのラインを仮説として想定しま

▲シェアオフィスのブース 　　▲共用スペース

◀共用スペースで打ち合わせ

◀共用スペースでのイベントの様子

REN-BASEの風景

した。それぞれのラインには、それに最も適したキャスティングを行いました。

　拠点については、アフタヌーンソサエティが約1000万円を投資し5年間の暫定活用プロジェクトを組みました。あるエリアでまちづくりを行うとき、拠点を持つことが極めて重要です。公共施設の貸し会議室を使って時々集まりながら行う居場所のないまちづくり活動と、拠点を持つまちづくり活動は大いに異なります。対象となるエリアの中で生活しながら、そのエリアを変えることを考えることがまず重要です。また、民間型のいつでも自由に使える拠点には、まちの人、外の人がたくさん集まってきます。そこでまちに対するスタディの結果が発表され、意見が交換され、飲食が行われ、人と人の交流が生まれます。まちを変えようとするとき、まず拠点をつくることを勧めます。

　拠点に続いて地域プロモーション活動が大切です。衰退している地域からは新しい情報がほとんど発信されません。そのことが衰退をますます深めていきます。プロモーション活動に投資できる予算がほとんどない中で、効果的な情報発信を行うにはどうしたらいいのでしょうか。2003年11月、CETが開催されたことにより、極めて効果的な情報発信活動が行われ、まちを変える上で大きな効果をもたらしました。

　2003年（初年度）は42の空きビル、空き家、空きスペースを使い、アートデザインイベントを11月下旬に10日間開催しました。翌年は80案件、翌々年は130案件にまで拡大しました。そして、このアートデザインイベントは以後9年間継続して実施されることになります。もちろん必要な資金は、毎回コアメンバーと地元企業で出し合って調達しました。コアメンバーである実行委員長、プロデューサー、顧問、12人のディレクターとボランティアの学生と若い社会人の人たち約130名が夜な夜な集って議論しながら進めていきました。CETは、凄まじい情報発信力を発揮しました。新聞、雑誌、海外ニュースメディア、TV等に取り上げられ、テンポラリーなギャラリー街が問屋街に出現し、会期中はまちが賑わいを見せたので

す。また、イベントにちなんで、東神田エリア一帯をCETエリアと名付けました。

　CETという面白いエリアがあるという情報が発信されることにより、面白い人たちがこのエリアやってきます。その中からここに住もう、ここでオフィスを開こう、ここでショップを持とう、という人たちが次第に出てくるのです。最初に入ってきた人たちは、アーチスト、デザイナー、カメラマン、編集者、建築家等です。高い天井高の空間をほとんどスケルトン状態にして、真っ白いペンキをラフに塗ったところで、大きな木製の手づくりデスクを並べたような使い方をしていました。

　続いて、とても幸運な出来事が起こりました。それは、CETのディレクターをつとめていた馬場正尊さんが東京R不動産というブログを始めたことです。不動産流通業者が扱わないような隠れたお宝物件を写真撮影し、それにコメントするという形で紹介し始めたことです。馬場さんは、CETのコアメンバーの一人です。ちょうど時を同じくして裏日本橋の倉庫をリノベーションして事務所として使い始めていました。馬場さんに「どうして東京R不動産を始めたの？」と聞いたら、「それは、清水さんがやっている考現学的な社会風俗観察と同じですよ」と言われました。とにかく、面白いと思う空き物件を記録し、コメントしてみようと思ったのだそうです。それが、面白い空き物件に対するユーザーの関心を惹き起こしました。リノベーションマーケットが発見されたのです。東京R不動産は、隠れたお宝物件の仲介をインターネット上で間もなく始めることになります。このことが、CETエリアに人と店を呼び込む大きな役割を担うことにつながっていきます。全く偶然の産物ですが、人と人が出会い、一緒に行動することによって新しい何かが生まれるという、まさに、そんな一例になりました。

　こうして、2003年8月の神田RENプロジェクト立ち上げ、2003年11月の第1回のアートデザインイベントの始まり、また、いろいろな大学の

▲CETを支えるインターンの若者たち

▲公共空間も展示スペースに利用

▲公立高校のドライエリアでの展示

▲CETの展示・飾りつけがまちを変える

▲CETエリアの移動に便利な自転車をリサイクル&レンタル

CETの風景

人たちの神田・裏日本橋エリアの研究、等々により、民間主導で行う小さいリノベーションの集積が東神田エリア一帯に起き始めました。

アーティストたちの事務所やスタジオがこの CET エリアに集まり始め、さらに 2007 年頃からコンテンポラリーアートギャラリー、カフェ、雑貨店などが続々と CET エリアに出店し始めました。そして、2009 年頃から CET エリアというギャラリー街がメディアで定着します。現在までに進出したギャラリー、ショップ、カフェ、レストラン等の数は 150 店舗以上に及んでいます。

大学のスタディグループを誘致することについては、5 年間でいろんな大学の 100 近いグループがまちづくり拠点 REN-BASE UK 01 にやってきました。何年も継続してスタディにやってくる大学もいくつもありました。そして、大学院生、大学生たちが熱心にこのエリアのことを研究し、地域の人たちを前に発表しました。外の若い人たちがこの地域をどのように見ているか、またどのように変えていったらいいと考えているか、これらは地域の人たちにとても良い刺激となりました。

具体的な成功事例となるスモールビジネスモデルの立ち上げ、これこそがエリアを変える民間の動きです。実際に CET エリアで起きたスモール

スタディグループが REN-BASE UK 01 を利用している様子

ビジネスモデルには以下のものがあります。

　まずは、拠点としての"シェアオフィス"です。REN-BASE UK 01 は、いろいろなクリエイティブ系の人たちが集まるシェアオフィスです。約5畳のスペースが15個と広い寄り合い所スペース、いくつかの会議スペース等が用意されています。このスペースは、1000万円の投資でつくり、5年間で投資を回収しました。そして、広い寄り合い所スペースはまちづくり拠点として機能しました。そうすると、周囲にいろんなタイプのシェアオフィスが次々にできてきました。

　続いて、アーチスト、デザイナー、カメラマン、編集者、建築家等々のクリエイティブな人たちの"アトリエオフィス"です。2003年頃からアトリエや事務所を神田・裏日本橋エリアに移し始めました。家賃が安く、どんなふうにでも改装して使える自由度の高いスペースがそこにあったから、この動きが可能になったのです。アトリエオフィスも一つ進出するとその

神田・裏日本橋に出てきた人たちとオフィス

後次々に誕生します。

　そして"シェアハウス"です。2003年のCETに参加したいろいろな大学の学生たちが神田・裏日本橋エリアに住みたいと言ってきました。そこで、2年間の暫定利用で古い木造の建物を斡旋しました。そこを学生たちがセルフビルドで改装し、11人が使うシェアハウスに変えました。まだシェアハウスが世に出ていないときの出来事です。学生たちは、町会に参加し、消防団活動やお祭りも一緒に行うようになりました。

　さらに"カフェ"やレストランが2007年頃からでき始め、今ではたくさんのカフェ、レストランができています。

　続いて"アートギャラリー"が2008年頃から進出し始めました。今や35軒のアートギャラリーがあります。加えてオシャレな"雑貨屋"、セレクトショップ、自転車屋、レストラン等が続々とできてきました。これらも次々に類似業種が進出してきています。

コンテンポラリーアートギャラリーがCETエリアに進出

カフェ、レストランが次々に誕生　　オシャレなライフスタイルショップもできてきた

　そして、「東京の東へ」と題する『BRUTUS』2010年9月1日号では、馬喰町が「東東京ムーブメントを象徴するクリエイターに愛された街」と記され、「今や東京一のアートタウン⁉　馬喰町界隈ギャラリーマップ」が掲載されました。また、『メトロミニッツ』2010年11月号は、1冊丸ごとCENTRAL EAST TOKYO 2010のガイドとして発行されました。この中では「新しい街の作り方、セントラルイースト東京は、こうして生まれた」という記事が掲載されています。
　雑誌を持ってまちに遊びにくる人たちも多くなり、地域の人たちもエリアが変わってきたことを実感するようになりました。

　まちづくりを継続させるためには、資金が必要です。現代版家守を始める際、日本政策投資銀行と相談し、市民型ファンド"家守ファンド"を組み立て、2003年11月に発表しました。極めて重要な仕組みでしたが、日本政策投資銀行の民営化とともに休眠状態にあります。これに代わる市民型ファンドの組成が必要になってきていると今感じています。

　さて、複線型まちづくりシナリオに話を戻し、家守チームの育成について記します。家守チームは、スモールエリアに一つあれば良いというものではありません。いくつもタイプの異なるものがあったほうが良いです。

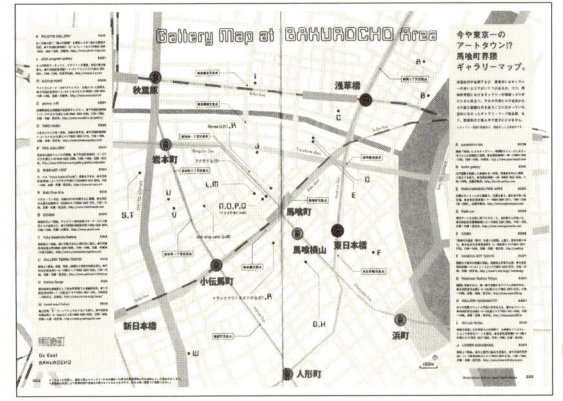

『BRUTUS』に掲載された記事
（2010年9月1日号）

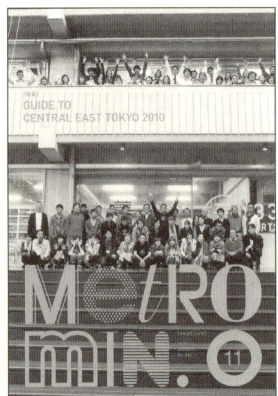

『メトロミニッツ』の特集記事（2010年11月号）

家守チームは民間自立型のまちづくり会社です。パブリックマインドを持ち、民間でまちづくり事業を行い、利益を上げ、経営を継続していくものです。最初は兼業で始めていくことを勧めます。家守チームを育てるために、2005年から家守塾をいろいろな都市で開催しました。2泊3日の集中特訓をワークショップ形式で行うものです。さらに2011年から「まちづくりブートキャンプ」という形に発展させて、これを行っています。メンバーは、岡崎正信さん（盛岡での家守活動後、岩手県紫波町オガールプロジェクトの開発責任者）、木下斉さん（エリアイノベーションアライアンス代表）と私です。まちづくりブートキャンプから、いくつもの家守チームが育って民間自立型まちづくり会社が生まれ、活発な活動を行っています。

　複線型まちづくりシナリオ最後のラインは、公民連携です。廃校となった施設等の公共施設を利用して地区を再生する試みです。特徴は民間不動産のリノベーションよりも規模が大きく、まちに対する影響力が大きいことです。公共施設を使った大きいリノベーションについては後述します。

　このように、民間主導のまちづくり神田RENプロジェクトは、七つのラインに沿って同時並行で自主的なまちづくり活動が行われました。その結果、問屋街に大勢のクリエイティブな人たちのアトリエオフィス、住居が集積し、続いてコンテンポラリーアートギャラリー、カフェ、レストラン、雑貨屋、セレクトショップ、バイシクルショップ等の店舗150以上が出店し、まちが変わり始めているのです。まちは民間の力で変えられたのです。
　こういうやり方で、現代版家守事業が江戸の下町から始まりました。補助金に一切頼らず、民間が投資し行うまちづくり活動です。民間だけでもまちは変わっていくことが実証されたのです。

CASE 04

家守塾

　現代版家守を育成するための家守塾は、2005年千代田区・アフタヌーンソサエティ共催、日本政策投資銀行、日本経済新聞後援で始まりました。3日間の集中特訓、座学とチームごとのワークショップにより家守を養成するものです。毎回、全国から集まった30名あまりの参加者たちが熱心に取り組みました。

　家守塾の中身は、まちを歩きまちを観察すること、そして、半径200mから300mのエリアを変えていく仮説をつくり出すことです。現在のまま放っておくと、そのエリアが近未来どうなってしまうかのシミュレーションも体験します。そして、エリアを変えていくためのプロジェクトの提案を考えるという内容です。参加者は、まちづくりを実際に行っている人、都市再開発のコンサルタント、会社社長で退職後まちづくりをしてみたい人、大学生・大学院生など20代から60歳近くの方までの男女でした。

　参加した人たちは、現代版家守の活動が始まっている現場で民間主導型まちづくりを学びます。2005年当時は、補助金頼みのまちづくりが全国各地で盛んに行われていました。この流れに逆らって、民間が自立し、主体的にまちづくりを担うことを教える家守塾は、極めてユニークなものでした。

　REN-BASE UK 01の拠点に来て、105坪のスペースがどうやって民間だけで成り立って継続できるかを知ります。中には、こういうやり方は東京だからできるのではないかと疑問を持つ方もいます。この時点では、まだ

家守塾 2005 の様子（東京都千代田区）

第 4 章　公民連携型・小規模なリノベーション　｜　135

地方都市での実績がないのですが、地方都市でも十分に可能な手法であることを丁寧に伝えました。

家守塾は、翌 2006 年、第 2 回を開催しました。そして毎年、その中身はブラッシュアップされていきました。第 3 回の家守塾は、場所を岩手県盛岡市に移して開催されました。2008 年 2 月のことです。ちょうどこのころ盛岡市で岡崎正信さんを中心に盛岡 3 リングスという家守チームがつくられて菜園地区で現代版家守活動が始まっていました。そこで、盛岡市に古くからある肴町商店街約 360m のアーケード街を対象エリアとして家守塾を開催したわけです。盛岡市、岩手県内だけでなく全国から参加者が集まり、熱い 3 日間を体験しました。

その後、家守塾は全国各地で開かれるようになっていきました。家守塾を開催した後、現代版家守の活動を継続して行っている都市に奈良県大和高田市があります。人口 7 万人弱の町です。このまちの片塩商店街という衰退した商店街で家守塾を 2009 年に開催しました。大型店サティが退店し、すっかり寂れてしまった片塩商店街は、廃墟の趣がありました。しかし、ここで立ち上がった人たちがいます。酒本冒彦さん（当時商工会議所副会頭）、森田美穂さん（商工会議所）と片塩商店街の方々が中心になり片塩まちづくり株式会社という家守会社を立ち上げました。空き店舗の家賃を下げる交渉を行い、そこにものづくりをする若い人たちを中心にテナント誘致を行いました。いくらがんばっても、空き店舗はまた増えます。そこで、現在開いている店舗の商売を強化することをやり始めました。お金をかけずに売り上げを伸ばす方法を、物販マーケティングの専門家徳光次郎さんに指導をお願いしました。3 〜 4 年間にわたり、空き店舗への熱心なテナント誘致をしたことと、既存店の販売強化策とが相乗効果を生み始めました。そして、サティ跡地を地元のガス会社が買い取り、そこにスーパーマーケットと駐車場ができるまでになりました。絶望的だと思われていた片塩商店街は、現在復活中です。

続いて、2010 年に家守塾を開催したまちが北九州市です。北九州市では、

後にリノベーションスクールに発展することになった家守講座2010の様子（北九州市）

　都心地区である小倉魚町周辺で、活発な現代版家守事業が行われています。その下地づくりになったのが、この年2回（それぞれ2日間）開催した家守講座です。

　家守講座には、不動産オーナーの方々と後に家守チームを構成することになる面々が集まりました。不動産オーナーの方々が積極的にまちづくりに参加するきっかけをつくることと、家守チームがつくられることが、民間主導のまちづくりを進めるためには必須です。家守講座は、まちづくりのメインプレーヤーたちにまちづくりの新常識を教える場であり、かつメインプレーヤーたちが知り合い、仲間になる場の機能を果たしました。

　2011年から、家守塾は「まちづくりブートキャンプ」および「リノベーションスクール」という形になりさらに進化をとげています。まちづくりブートキャンプは、家守塾に都市経営の視点を加えたものです。リノベーションスクールは、実際の空き物件を題材としてリノベーション事業提案を考えるものです。そして提案されたものは、現地の家守チームによって続々とプロジェクト化されています。

[column 04] # HEAD 研究会

　HEAD 研究会は、建物や公共施設が遊休化し建築と不動産が融合する時代の中で、21世紀の新たな産業を切り開くために、多様な専門家と次代を担う若者が結集した頭脳集団です。現在200名を超える会員（法人、個人を含む）を抱え、九つのタスクフォースが活発な活動を行っています。HEAD は、Home & Environment Advanced Design の頭文字をとったものです。リノベーションスクール＠北九州（第1回）も HEAD 研究会のメンバーが中心となり始まりました。事務局も HEAD 研究会の学生事務局が担当し、この新しい仕組みをつくりました。全国の地方都市を巡るリノベーションシンポジウムも開催しています。そして、リノベーションまちづくりの一翼を担う重要な活動を、地方都市で活躍中の地元グループと一緒になって切り拓いています。

　この研究会の源は、2007年ころ名古屋の実業家長屋博さんが私に「建築の世界が大きく変わってきている、新たな状況に対応した新たな組織をつくってみよう」と提案してきたことに始まります。さっそく、建築家で新しいまちづくりの研究家でもある松永安光さん（HEAD 研究会理事長、近代建築研究所）、建築生産と建築産業の分野において多大な研究業績を重ねて来た松村秀一さん（東京大学大学院教授）らに声をかけ、小さな勉強会を組織しました。1年間ほど少人数で議論を重ねたのち、任意団体として2008年2月に HEAD 研究会を発足しました。そして、2011年に一般社団法人化し、建築と不動産に関わる多様な専門家と次代を担う若者が、21世紀の新たな産業のあり方を探求するべく、今日に至るまで多方面にわたりその活動を展開してきました。事務局は関連する分野を専攻する大学生、大学院生の学生たちです。HEAD 研究会では、大人たちと学生たちが毎日のように楽しく混ざり合って活動を行っています。こういう場からまた何かが生まれてくるのではないでしょうか。

　以下に「研究会趣旨」を掲載します。

研究会趣旨
（HEAD 研究会ホームページより）
　日本の建築と部品の潜在能力をとき放つ

　過去 50 年間、日本は世界史上有数の規模の新築市場を抱え続けてきました。そして、その需要に応える中で、住宅などの建築を設計し施工する産業とその部分としての建材や部品を製造する産業は、国際的に見ても特異な発達を遂げてきたのです。今や建築設計、建築施工、建材・部品生産、いずれの分野においても、日本は質・量ともに世界に誇り得る実力を有していると言っても過言ではないでしょう。また、長年継続した旺盛な建設活動の結果として、今では建物ストックが日本中であり余るほどになっています。

　しかし、現実の日本社会あるいは国際社会において、この実力が十分に発揮されているとはとても言えませんし、十分な量の建物ストックが私たちの生活空間として豊かに使いこなされているとも言えません。個々にはよくデザインされたかもしれない部品が 集まって構成された現在の日本の住宅や町の景観が、その実力を発揮した結果だとはとても思えません。世界に通用する実力を持ちながら、国際的な建築市場での日本企業の活躍は実に控えめなものに止まっています。国内では折角の建物ストックが空き家や空きビルになり、まちの厄介者になってしまっている例が散見されます。とても残念なことです。

　人口減少が始まり、超高齢社会到来の中で巨大な新築市場の継続が危

HEAD 研究会のミーティング風景

マルヤガーデンズ鹿児島でのリノベーションシンポジウムの様子

ぶまれ始めた今の時代は、これら産業の大きな転換期だと言って良いでしょう。この大きな転換期にあたり、今こそ、日本の建築や部品に関わる産業の実力を見直し、潜在するその能力をより豊かに発揮させる有効な方法を見出すべきだと考えます。具体的には、これまで発言権が決して大きくなかった生活者や建物ストックの管理や流通に関わる方々をも交えた多くの関係者と共に、次の四つの事柄に取り組むことが重要だと考えました。

①格段に進化したIT環境を最大限に活用し、建材・部品生産に従事する企業と建築設計・施工に従事する企業の間、さらにはそれらと住まい手や事業主との間に、シナジー効果を持つ新たなコミュニケーション回路を確立すること。
②日本の産業が世界の豊かな建築・都市環境形成に力強く貢献できるよう、複層型の国際交流を緩やかに、しかしあくまで戦略的に統合し、新たな市場を開拓するための確かな道筋をつけること。
③今後重要性を増すことになる既存ストックの再生によるより豊かな居住環境の形成という分野において、日本の建築や部品に関わる産業の新たな活躍の場とその方法論を創出し、その新たな場に求められる産業および専門家の能力を育成する。
④生活者や建物ストックの管理や流通に関わる人々が、質の高い生活の場の形成に主体的に参加できる環境を整え、人と場、人と人の関係を豊かなものにするデザインの力を見直し、鍛え直す。

この四つの事柄は共通の狙いを持っています。それは、建築やそれに関連する活動を通じて自身の思考や能力を社会に役立てるべく研鑽を積む有望な若者たちが、その志に相応しい活躍の場を見出せる末広がりな産業的環境をしっかりと形づくることです。

また、四つの事柄の追求は、私たちの産業の目に余る日常を大きく変え、有望でしっかりとした産業的環境を作り出す、その重要な1歩になるものと考えています。

HEAD研究会副理事長
　　東京大学教授　松村秀一

第5章
公民連携型・大規模なリノベーション

まちの中には大別すると2種類の不動産オーナーがいます。民間の不動産オーナーと公共の不動産オーナーです。特にまちの中心部においては、公共の不動産オーナーが大きな土地を所有しています。道路、公園、学校、図書館、公民館、体育館、プール、運動場、市役所、町役場等々多くの公共施設を所有しています。自治体は大きな不動産オーナーなのです。

　人口減少の局面に入った今、ほとんどのまちでこれらの公共施設が遊休化し始めています。また、公共施設白書を作成し、その維持・更新コストをシミュレーションしてみると、ほとんどのまちで、これらを維持・更新することが財政的に不可能であることがわかってきました。遊休化した公共施設を民間の手で活用し、公共施設が立地するエリアを再生することが求められているのです。これを公共施設を活用した大きいリノベーションと呼びます。民間不動産をリノベーションする特徴は、民間不動産をリノベーションするときよりも規模がはるかに大きいことです。また、公共財ですから、関係者が幅広く存在します。

CASE 01

歌舞伎町喜兵衛プロジェクトと吉本興業東京本部の廃校活用

　日本の繁華街の代表と言われる新宿歌舞伎町は、2000年代に入り大変危険なまちになっていました。国際的なマフィアが暗躍する無法地帯になるかもしれない状態でした。そこで、新宿区、東京都、警察庁、法務省入局管理局などが一体となって歌舞伎町から違法勢力の追い出しを開始しました。その結果、歌舞伎町の店舗やビルがどんどん空いていきました。このままの状態で放置するとさらに危険な状態になってしまうかもしれないと

- 600m四方(約35ha)の区域に映画館・劇場・飲食店・性風俗関連特殊営業店が混在する日本有数の繁華街。
- 国際的にも高い知名度を誇る。
- 1日あたりの来街者数は約30万人。

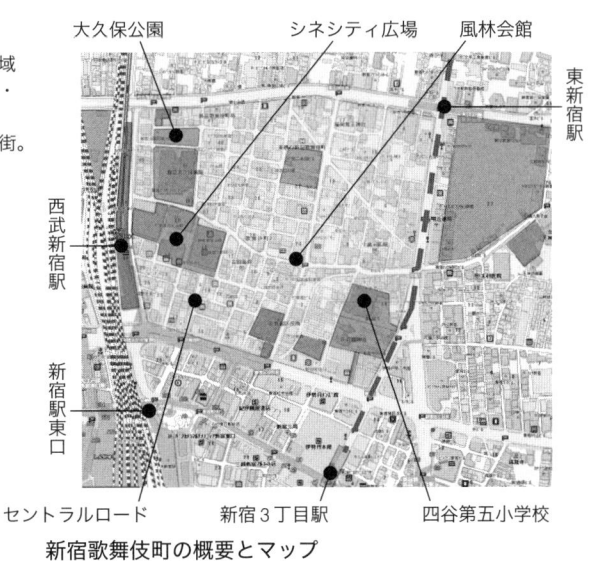

新宿歌舞伎町の概要とマップ

第5章　公民連携型・大規模なリノベーション

いうことで、国の都市再生戦略会議の場で歌舞伎町の空き店舗空きビルを活用し歌舞伎町ルネッサンスを実現する家守プロジェクトが提案され、実施することになりました。2005年夏のことです。

　2005年秋から家守プロジェクトのチームが決まり、検討が始まりました。プロジェクト名は歌舞伎町喜兵衛プロジェクトと言います。江戸時代、浅草の商人高松喜兵衛らが金5600両を幕府に上納して宿場の権利を得て、内藤新宿という宿場が開かれました。これが新宿の始まりです。その後、第二次大戦後、焦土となった新宿歌舞伎町の復興区画整理事業に尽力し現在の歌舞伎町の都市基盤をつくった鈴木喜兵衛、この二人の喜兵衛にちなんで、"喜兵衛プロジェクト"と名付けたわけです。主なメンバーは、歌舞伎町商店街振興組合、新宿2丁目町会、四葉会、日本政策投資銀行とアフタヌーンソサエティです。四葉会は、歌舞伎町の中心シネシティ広場を囲む四つの不動産オーナーのことです。

　翌年の1月、プロジェクトの旗揚げを風林会館のワンフロア240坪のグランドキャバレー跡で行いました。歌舞伎町再生に関心のある人たちを大々的に集めるイベントです。中山新宿区長さんに登壇してもらい、合わせて歌舞伎町の空き物件のツアーを行いました。そして「喜兵衛プロジェクト、歌舞伎町の新たな歴史が今始まる」というプレゼンテーションを行いました。「エンターテインメントの企画・制作に関係する人たちは歌舞伎町

歌舞伎町空き物件ツアーの様子

吉本興業東京本部が入居する旧四谷第五小学校

に集まろう。空いている場所はいっぱいあるぞ」というメッセージを発信したのです。目標は世界一のエンターテインメントシティになることです。「歌舞伎町ルネッサンス憲章」に謳うエンターテインメントの企画制作から消費までがここで一貫して行われるまちを目指すというものです。

　ただ空き物件を埋めれば即まちの課題解決が達成されるわけではありません。まず、エリアビジョンに合致したものであるかどうかというフィルター。これは歌舞伎町ルネッサンス憲章に即したものであるかどうかというフィルターです。もう一つは、不動産事業としての収益性があるかどうかというフィルターです。この二つのフィルターを通過したものがプロジェクトとして有効なものになるのです。

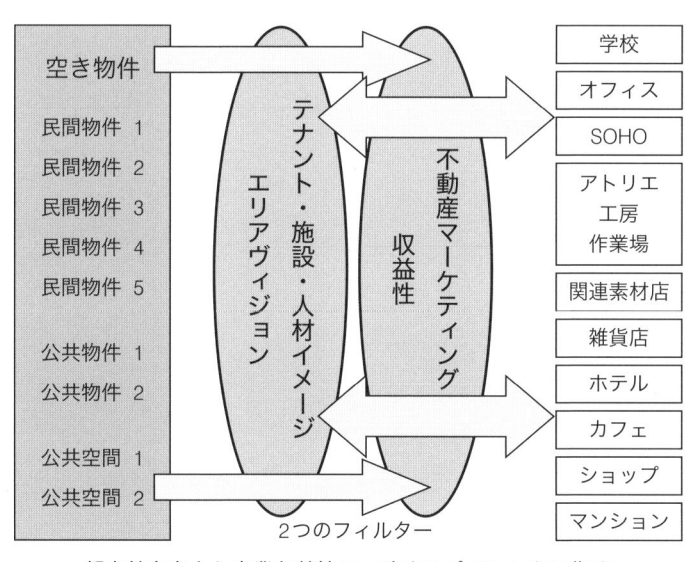

都市魅力向上と事業収益性の一致するポイントを目指す

　旗揚げの後は、小さな空き物件をリノベーションするプロジェクトをいくつか仕込みました。しかし、歌舞伎町はあまりにもエネルギーのレベルが高い繁華街でした。小さなリノベーションプロジェクトを行っても、まちにインパクトを与えることは困難だということがやってみてすぐにわかってきました。大型の空き物件はないだろうかと探した結果出てきたのが、

新宿区立旧四谷第五小学校です。関東大震災後建てられた復興小学校の一つで、1934年竣工の素晴らしい建物でした。区内から出土した埋蔵品の収蔵庫、放置自転車置き場として使われていました。廃校になってすでに十数年が経過したこの学校をリノベーションし、エンターテインメントの企画制作をする会社に使ってもらおうという案が浮上してきました。一流のエンターテインメント企画制作会社各社にコンタクトし、歌舞伎町への進出意向を意志決定できる人たちから意向を直接聞きました。そして、いくつかの候補の中から吉本興業東京本部の誘致が決定しました。2006年度末のことです。10年間の定期借地・定期借家で廃校となった学校を使ってもらうというものです。

　耐震補強も含む改修工事が行われ、2008年4月にオープンしました。400名を超えるエンターテインメント企画制作会社のオフィスとこの産業に従事するスタッフを養成するスクール、歌舞伎町ルネッサンスを推進するためのTMO（タウンマネジメント組織）の事務所を含む施設です。

　新宿区役所が部署横断でスピーディーにプロジェクトに対応した結果、意欲的な民間企業と歩調を合わせてプロジェクトが実行できたのです。

　吉本興業は、新宿駅南口にある「ルミネザ the よしもと」と新しいオフィスとがつながり、ますます活発なエンターテインメントの企画制作に取り組んでいます。また地域防犯活動やまちづくり活動等に積極的に参加しその役割を果たしています。

　廃校を活用したプロジェクトが立ち上がったことで、歌舞伎町TMOが正式に設立され、歌舞伎町のイメージアップと集客を目指すまちづくり活動を開始し、現在も着実にその内容を充実させています。残念ながら4社がまとまって再開発を行う計画は頓挫しましたが、シネシティ広場周辺の建て替えが促進されるようになりました。

　公共施設を活用した大きいリノベーションは、変化をつくり出すのが難しい繁華街の再生に大きな一石を投じ、その波紋が着実に広がっていったのです。

CASE

02

3331 アーツ千代田
廃校を活用した民間自立型アートセンター

　東京の都心千代田区では、近年小中学校の統廃合に伴い廃校が立て続けに起きました。そのうちの一つ、千代田区立旧練成中学校を文化拠点にするという文化政策が決まりました。そして、廃校を5年間暫定活用する民間チームの公募が行われました。2008年のことです。30社ほどが関心を表明し、そのうちの7、8社がコンペに応募しました。文化芸術拠点としての活動内容と年間の賃料を提案し、それらを総合評価して事業者を決定するコンペでした。幸い、東京藝術大学の中村政人さんと私を中心とするチームが選ばれ、民間自立型のアートセンター運営が行われるようになりました。

民間自立型の運営とは

　民間自立の意味を説明します。中学校だった建物を上手に使うことにより、収益を生み出します。芸術、文化、デザインに関係する団体、グループ等を審査し、テナントとして入居してもらいます。ここから賃料が生まれます。現在入居テナントは、35グループくらいです。加えて、メインギャラリー（約300坪）他のスペースを、コマンドAという運営団体自身が使っていない期間について貸し出します。ここからも収入が生まれます。これらが主な収入源です。展覧会開催などのアート・文化活動を活発に行っていますが、そのほとんどは赤字です。今度は、コストです。千代田区

へ地代・家賃を支払います。加えて、建物の修繕費、水道光熱費等々の費用はそのほとんどを運営団体が賄います。収入とコストの差益が生まれます。この差益が従業員の給料となります。現在25名くらいで、年間の人件費は約7000万円になります。そして、この体制で年間約400のアート関連イベントを行い、年間約80万人の入館者（2013年）を迎える施設を運営しています。その結果、経済効果は年間約13億2000万円に及んでいます（2013年ニッセイ基礎研究所調べ）。

　3331アーツ千代田は、指定管理者制度でやっているのですか？とよく聞かれますが、全く違います。図書館、博物館、美術館等の公共施設を指定管

都市公園と校舎をつなぎ、使いやすい公共空間を実現

約300坪のメインギャラリー

理者制度で運営する場合は、人件費も水道光熱費も、建物の修繕費もすべて公共側が負担しています。3331アーツ千代田は、民間自立型の運営です。遊休化した公共不動産を活用し、そこから収益を生み出して文化施設を運営しているのです。つまり税金で運営しているのではないのです。民間のグループが、自ら生み出したお金で従業員を雇用し、建物を維持し、芸術・文化サービスという公共サービスをフルスロットルで提供しているのです。

　3331アーツ千代田で行っている活動は、幅広い芸術・文化の領域に及んでいます。最先端の現代美術から神田祭などの地域の伝統的な文化までが対象です。ダンスなどのパフォーミングアーツもあれば、音楽イベント、

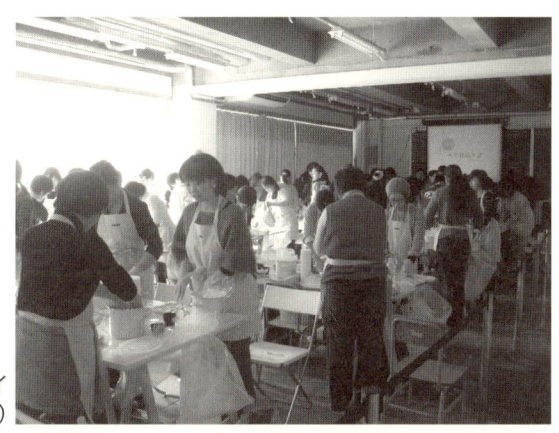

コミュニティスペースでのイベントの様子（味噌仕込み会）

都市公園を使って近隣町会がイベントを開催

演劇も行われます。また、障害者のアートにも力を入れていますし、海外のアーティストを招いたアーティストインレジデンス活動も行っています。加えて千代田区の方々への様々なアートサービス提供を行っています。絵画教室、地域の老人会へ出向いて行う切り絵教室、地域の小学生と一緒に朝顔を育てるプロジェクト、おもちゃの交換プロジェクト等々があります。そして、2011年3月11日に起きた東日本大震災の復興のための「わわプロジェクト」という被災地のクリエイティブな人とグループを支援する活動もしています。25名のスタッフは、これらの活動をサポートするために日々てんてこ舞いで取り組んでいます。

　施設計画で特徴的なのは、旧中学校と隣接する都市公園を連結したことです。本来は、関東大震災後、学校と都市公園を隣接して配置し、災害時に避難所として機能する都市計画だった場所です。残念なことに、学校と都市公園はフェンスで仕切られてしまっていました。公募の提案をする際、学校と都市公園を結ぶことを提案しました。これを千代田区は評価し、実施することになりました。そして、2011年3月11日の東日本大震災に際し、練成公園は、黒山の人で埋まりました。帰宅困難者が多数発生したため、百数十名を預かりました。地域の防災拠点としての役割の大切さに気づいた瞬間でした。

東日本大震災に際しては防災拠点としての機能を発揮した

都心の廃校活用からわかってきたこと

　学校の再生はエリアに対するインパクトがとても大きいです。それはリノベーションプロジェクトの規模が大きいことと、学校がコミュニティの核として大切だという両方の意味でインパクトが大きいのです。学校をうまく再生できれば、その効果は周辺エリアに広がっていきます。

　廃校を再生してわかってきたことは、まずコンテンツが命だということです。今までにない新しいコンテンツがまちに入ってくることがまちを変えていきます。新宿歌舞伎町では、エンターテイメントの企画制作会社であり、外神田では、オルタナティブアートセンターです。共に新しい都市型産業のもとになるコンテンツです。

　学校の建物は、教室以外に体育館、講堂、食堂、図書室、音楽室、理科室等々いろいろなスケールのスペースがあるため、様々な使い方が可能です。また、廊下や階段などの共用部が広いことも特徴的です。四谷第五小学校では、エンターテインメントの企画制作会社のオフィスや、スクール、スタジオとして学校を利用しました。その際、教室と廊下を隔てる壁を取り外してみました。たったこれだけで雰囲気が変わりました。練成中学校では、かつて大食堂と給食室だったスペースが約300坪のメインギャラリーに変わりました。学校くらい変幻自在に使いやすい建物はありません。それが、実際にリノベーションを行ってみた実感です。

　学校はコミュニティの核だったところです。多くの卒業生や地元の人たちの記憶がいっぱい詰まっている大事な場所です。アートセンターがオープンすると卒業生たちがいっぱい訪ねてきます。ベビーカーのお母さんたち、お年寄りの方々、小中高生、大学生、社会人の人たちまで幅広い世代の人たちがやってきて、交流します。廃校になった学校をリノベーションするとき、ここがコミュニティを再生し新しいコミュニティをつくり出す場になることを経験しました。

CASE

03

岩手県紫波町オガールプロジェクト
公民連携で新しいまちの中心をつくる

　岩手県紫波町は、人口3万4000人の農業の町です。東北本線紫波中央駅の駅前に先年購入した10.7haの土地が使われないままに雪捨て場になっていました。もともとは、町役場、図書館などの公共施設の建設用地として買ったものだそうです。しかし、まちの財政は逼迫し、まちの力だけではこの土地を開発することはできない状態が続いていました。

　2007年東洋大学経済学部大学院公民連携専攻と紫波町は包括協定を結びました。地域完結型の公民連携事業としてこの土地の開発を目指す協定です。以後、使われていなかった町有地が着々と開発され、新しいまちの

紫波町遠景

中心が形づくられています。紫波町が目指す循環型まちづくりの姿が現れ始めているのです。そして、公共が所有する遊休不動産を利用した大きなリノベーションで目指していた、まちの人口を増やすこと、農業をさらに振興すること、新たな雇用を生み出すことが実現し始めています。

　プロジェクトの名称は、オガールプロジェクトと言います。オガールは成長するという意味の言葉です。このプロジェクトができたのには、いくつかの理由があります。一つは、人です。藤原孝（前町長）さんという都市経営のセンスに優れたリーダーがいたことが起点になりました。しっかりした自治体の経営を行うためには、しっかりしたリーダーの存在が欠かせないということを痛感します。続いて、紫波町から岡崎正信さんという民間人が、東洋大学大学院公民連携専攻に入ったことが大変重要なきっかけでした。岡崎さんに続いて、町役場から若手職員が東洋大学大学院に入ってきました。彼らと優秀な町役場の職員によって、10.7haの町有地を公民連携の手法で開発することが提案され、実行することになりました。

　東洋大公民連携専攻の大学院生による紫波町のスタディにより、紫波町にコンパスの中心を置いたとき、半径30km圏内の人口は約60万人いることが判明しました。これは、盛岡の半径30km圏内の人口を上回る数字でした。魅力的なまちのコンテンツをオガールの中にたくさん埋め込むことができれば、半径30km圏内の人たちがここにきてくれる可能性があります。

　まちの中心をつくるとき、マスタープランがとても重要です。よくある区画整理型の道路パターンのまちをつくってしまうと、その瞬間にまちの価値が失われてしまいます。紫波町ではマスタープランナーとして建築家の松永安光さんを起用しました。松永さんは世界中のコンパクトシティを調査、研究した人です。松永さんの手により、10.7haの区域の真ん中に幅30m・長さ約300m「緑の大通り」を通し、通り沿いに2階建てから3階建ての統一感のある街並みをつくるプランが提案されました。ここが、紫波町の新しい中心部です。この大通りと街並みが土地全体の価値を引き上げ

る上で重要な役割を果たします。また、紫波町とその周辺部の主要交通手段は車です。東北本線の鉄道駅はあるのですが、やはり大多数の方々は車を利用してやってきます。そこで、駐車場の配置計画がとても重要になります。オガールに来るには、車で来やすく止めやすい駐車場が必要なのです。そして、一旦車を止めた後は安心して歩いて楽しめるエリアができているというプランです。このマスタープランが後々大きな効果を発揮することになるのです。

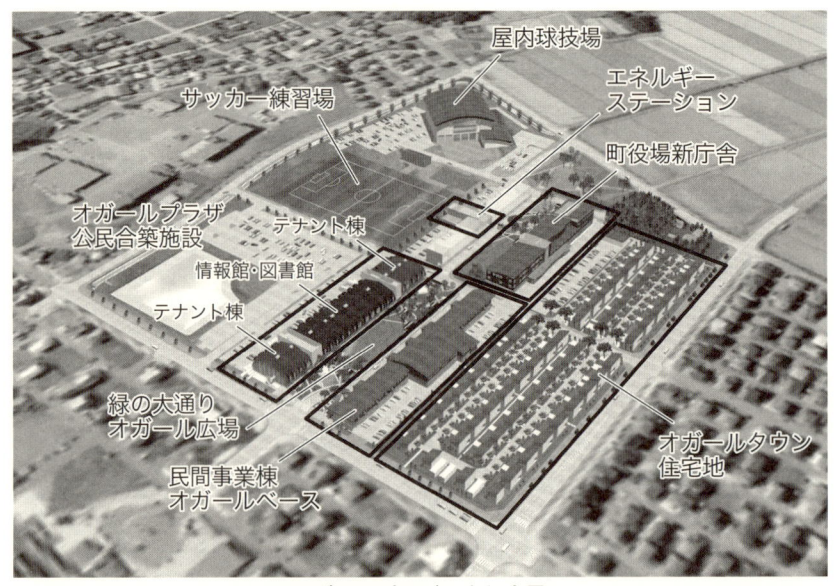

オガールプロジェクト全景

　東洋大学公民連携の調査提案の後、紫波町が行ったのは「公民連携基本計画」の作成です。10.7haの新しいまちの中心と古くからある紫波町の中心、日詰地区とをつなぐ約80haを公民連携エリアとして設定しました。そして、新しい中心と古い中心をつないでいき、本当のまちの中心をつくり上げることを目指していきます。

　オガールプロジェクトの開発にあたっては、このようにしっかりした事

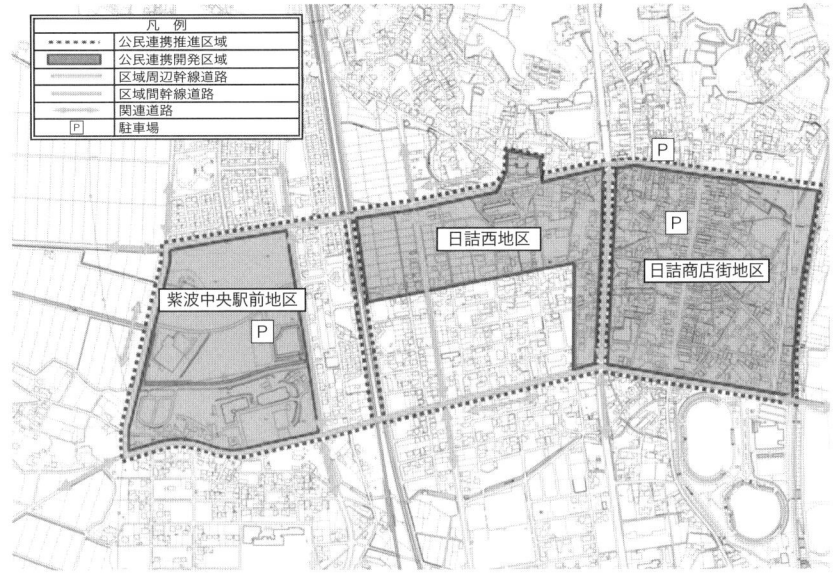

凡 例	
------	公民連携推進区域
▨	公民連携開発区域
━━	区域周辺幹線道路
━━	区域間幹線道路
━━	関連道路
P	駐車場

日詰西地区

日詰商店街地区

紫波中央駅前地区

公民連携開発区域図

町の利便性を生かすことと、循環型まちづくりへの取り組みを進めることが、個性的に成長できる地域づくりにつながると考えます。

都市と農村の暮らしを「愉しみ」、環境や景観に配慮したまちづくりを表現する場にします。

町中心部の賑わいが町全体へ波及し、中心部と各地域のつながりを重視した、持続的に発展する町を目指します。

中央駅前開発地では、公共施設整備と経済開発の複合開発を行います。
開発にあたっては、本計画に基づき、新しい街をつくる視点が必要です。

公共施設は、民間施設との複合施設とすることができます。
複合施設は、施設目的の調和により相乗効果が期待できる施設とします。

中央駅前開発地の賃貸（売却）土地は、およそ4.5haの予定です。

本計画の実施にあたっては、VFM、民間事業者の採算性・安定性の確保、町と民間事業者との適切なリスク分担に留意して公民連携手法を導入します。

オガールプロジェクトの目標

業の目標をあらかじめ立てているのです。そして公民連携基本計画は、議会で承認されました。

「公民連携基本計画」は、外部のコンサルタントやシンクタンクに委託して作成するのではなく、紫波町役場の職員が自らこれを作成しました。

オガールプロジェクトの推進にあたり、町役場内が部署横断的に動くことが非常に大切でした。公民連携室という新しいセクションが誕生し、総合的、意欲的にオガールプロジェクトに取り組んできています。

実際の開発にあたっては、外部の専門家（プロ中のプロ）のチームを編成し、これをデザイン会議と名付けました。松永安光さん（建築家、オガールプロジェクトのマスタープラン作成者）、長谷川浩己さん（ランドスケ

オガールデザイン会議の様子

『オガール地区デザインガイドライン』表紙

対象ゾーン	建築・ランドスケープの基本的な考え方
緑の大通りゾーン	**都市のにぎわい・利便性と、農村の豊かな環境・風景が結びついた紫波町の新しいシンボルを作り出す。** ・紫波町の豊かな景観を実感できその一部になれるよう、周辺の隣居村のスケール感と適切な素材を用いる。 ・紫波町の風土に即した環境対応型の建物と広場をつくる。 ・建物と広場が一体的に利用可能で、誰にでも使いやすく、季節を通して使っていける大通りをつくる。
住宅地ゾーン	**周辺環境と調和のとれた、安心で安全な暮らしがある住宅地を作り出す。** ・紫波町らしい街並みや風景を考慮し、周辺環境と調和のとれた街にする。 ・住民同士が互いに協力し合い、まとまりのある景観を作り出すことで、エリアの資産価値を高めるとともに、声の掛け合える安心な街にする。 ・住宅と道路を切り離さず、街並みをそろえる事で、道での視認性が高く、人の気配が感じられる安全な街にする。
外周ゾーン	**散居村の景観にとけ込んだ、歩きたくなるような新しいまちの顔を作り出す。** ・散居村の周囲を覆う「えぐね」をモチーフにし、街路樹をまとめて配置することで、外周道路の景観に統一感とリズムを与える。 ・歩行者が木陰で休める休憩スペースなど、オガール地区の外周にも人が留まれる場所をつくる。
	サインの基本的な考え方
全体	**オガール地区全体の調和に配慮した統一感とともに、その後の発展をも見据えた、有機的なサイン計画を立てる。** ・空間としての居心地を第一義に考え、サインの材質や色彩等も個別の事情によってバラバラに進めるのではなく、全体の関係性の中から導くものとする。 ・エリアそのものの価値を高め、紫波の資源となっていることを目指す。そのために、にぎわい&景観を育む、有機的な拡張性をサイン計画全体に持たせる。 ・インフォメーション・デザインの視点を導入し、ウェブサイトなどから発信する情報との関係性なども考慮したサイン計画を立てる。

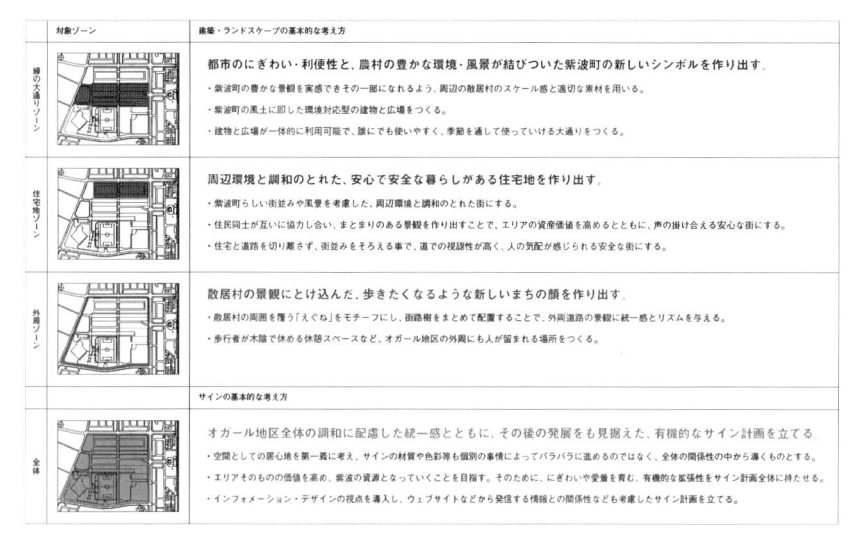

デザインガイドラインにおけるゾーン別「基本的な考え方」一覧

ープデザイナー）、佐藤直樹さん（グラフィックデザイナー）、山口正洋さん（投資アドバイザー）と私（デザイン会議委員長）です。都市開発の場面で、建築とランドスケープの専門家が起用されることは当然のことです。グラフィックデザイナーは都市開発の場面で実はとても大切な役割を担っているのです。実際のまちを歩いてみれば、最初に目に飛び込んでくるのは建物ではなく、看板とサインの類だということに気づかれることと思います。魅力的な街並みをつくるとき、看板やサイン加えて建物の色をコントロールすることがとても大切なのです。

さらに、オガールプロジェクトでは金融のプロをデザイン会議のメンバーの一員としています。現実のプロジェクトのカギを握っているのは実は金融なのです。ファイナンスがつくかどうか、つまりプロジェクトファイナンスが可能かどうかが、その事業が継続可能かどうかを見極める指標になるのです。プロジェクトファイナンスが可能でない案件は、そもそも事業を行ってはいけないプロジェクトなのです。縮退化する社会の中で、新

しいプロジェクトを実行すべきかどうかの指標が、ファイナンスなのです。

　最初に行ったのは、岩手県フットボールセンターの誘致です。他の誘致を狙うライバルに比べて、オガールは駅から近いこと、高速道路のインターチェンジから近いこと、そして練習場のすぐ隣にまちの中心があることなどが評価され、めでたく選出されました。このことによって、年間10万人を上回る集客が最初に確保されました。何もない草ボーボーの土地、そこに色々な民間の投資を呼び集めるためにはその元となる集客力が必要です。図書館と町役場が日常的集客力の二つの核ですが、これだけでは不十分です。岩手県フットボールセンターの集客力は、集客力を補完する役割としてとても重要です。東日本大震災発災直後の2011年4月この施設が最初にオープンしました。多くの子どもたちからプロリーグのチームまでここを利用し、賑わいが生まれ始めました。

　続いてオープンしたのはオガールプラザです。紫波町図書館・情報交流館と民間テナント棟とを合築したものです。木造2階建て、延べ床面積は約5800m²の施設です。紫波町図書館は、まちの人たちにとって長年待ち望んでいた施設です。ここを本好きの人たちのためだけの施設にするのではなく、もっとまち全体に役立つ施設にする、それが目標です。紫波のまちの主要産業は農業です。全1万1000世帯のうち、4割が農業を生計の柱としています。紫波町図書館は農業を支援する図書館、すなわちビジネス支援図書館という性格を持っています。図書館・情報交流館にはキッチンスタジオもあります。ここでは、紫波町でとれた農産物を持ち込んでいろんな食品を試作することができます。また、紫波町は音楽が盛んなまちです。そこで音楽スタジオが二つ設けられました。高校生から親父バンドまで音楽スタジオは極めて高い稼働率で運営されています。図書館内には、バックグラウンドミュージックが流れ、飲食も自由です。町民皆が気軽にこの施設を利用しています。初年度の来館者数は35万人を超えました。

　図書館を挟む形で配置された民間テナント棟には、計九つのテナントが

▲上空から見たオガールエリア 　　▲オガールプラザ、オガール広場を臨む

▲地元の小学生たちで賑わうオガール広場 　　▲オガール広場の屋外スタジオで販促会議

▲紫波町図書館のロビー 　　▲子育て応援センター「しわっせ」

▲産直施設「紫波マルシェ」 　　▲本格的なシアトルコーヒーが楽しめる「シュガーズカフェ」

オガールの風景

入っています。おしゃれなカフェ、眼科と歯科の医院、調剤薬局、子育て応援施設、学習塾、地産地消居酒屋、大型の産直施設等です。公共施設を新設してももはやその維持管理費が賄えないというのは多くの自治体の実態ですが、オガールプラザは違います。民間テナント棟からの地代、家賃・共益費の一部と、固定資産税によって図書館棟の建物の維持管理費を長年にわたってほとんどタダにするというのが、公民合築の狙うところです。

約250坪の大型産直施設"紫波マルシェ"は、連日多くの人で賑わっています。売り上げは当初の予想を遥かに上回る成績です。紫波町にはこのほか9ヶ所の産直施設が周辺部に点在していますが、周辺部の産直もまちの中心に産直ができたことにより売り上げを増やしています。その理由は、まちの中心部に産直をつくるとき、周辺部の産直にも人が回遊するように情報を流すことを計画し、これをきちんと行っているからです。

これは、地域インフォメーションネットワークを構築するという考え方です。インターネット等を通じての情報発信と地域内のサイン計画を連動させ、紫波町全域に人を回遊させることをしっかりやっています。オガールプロジェクトを推進する「オガール紫波」のホームページのアクセス数は、オガールプラザ開設直後に1日14万ページビューを記録しました。このホームページのアクセスは以後も高い数字を保っています。

シアトルから誘致したおしゃれなカフェには、センスの良い服装をした女性客たちが多く訪れています。地産地消居酒屋は連日満席状態が続いています。お医者さんも賑わっています。子育て応援センターには子どもたちと母親がたくさん来ています。こうして、オガール地区には年間すでに100万人を上回る人が来始めています。雇用も新たに百数十名分が発生しました。紫波マルシェに農産物や食材を納入している260名余りの農家の人たちは着実に現金収入を稼いでいます。息子たちが戻ってきた農家も出始めました。

このように、オガールプロジェクトにおいては、あらゆる機会を利用し

ながら本来の目的である産業の振興と雇用の創出を意識し、この本来の目的に応じた活動を実行し続けています。そして、さらなる民間の投資を引き起こそうとしています。

　オガールプラザ誕生後、紫波町の状況は変わり始めました。オガールプロジェクトの情報が全国に発信され続けたことの成果が、着々と出始めています。オガールプラザの向かい側の土地に民間事業者の事業提案の公募が行われ、バレーボール専用体育館とホテルを中核とするオガールベースプロジェクトが選ばれ、2014年7月末に竣工しました。この施設のテナント募集が行われましたが、オガールプラザのテナント募集時の2倍を上回る月坪当たり賃料になりました。オガール地区周辺の基準点の地価も、上昇し始めました。

　そして、紫波町が所有する土地を分譲し、そこに本格的なエコハウスを建てるオガールタウンプロジェクトが2013年秋から始まっています。57区画の東北初の本格的なエコタウンです。エコハウスの第一人者竹内昌義さん（建築家・東北芸術工科大学教授）が陣頭指揮をとっています。

　こうして、紫波町は今や人口増加のまちに変わり始めました。不可能だと思われていたことが、しっかりとした計画を立て、一つ一つ丁寧に、着実にこれを実行することにより、可能になったのです。遊休化した町有地を使って、まちを変える大きなリノベーションプロジェクトが着々と成果を上げ始めているのです。

column 05
エリアイノベーターズブートキャンプと公民連携事業機構

　ひょんなことから、一般社団法人公民連携事業機構は始まりました。東洋大学経済学部大学院に公民連携専攻という学科ができ、そこに岡崎正信さんが入学してきました。岡崎さんは地域公団に勤めた後、岩手県盛岡市近郊の紫波町で家業の建設業を継いでいました。商売が繁盛するためには、地元が活性化しなければならない。そのための新しい手法としてPPP（Public Private Partnership）を勉強しにこの社会人大学院へ通ってきました。そこで私と知り合ったことから、盛岡市の中心部の菜園地区の空きビルを再生する現代版家守業を始めることになりました。

2007年のことです。時を同じくして、紫波町で東北本線紫波中央駅前の使われないまま雪捨て場になっていた10.7haの町有地を民間主導の公民連携により開発するプロジェクトの現場の代表者として動き始めていました。

　もう一人、大事な人がいます。木下斉さんです。木下さんは、高校生時代から早稲田の商店街会社の社長をやってきた人です。年齢は若いですが、まちづくりの経験は豊富な人です。経済産業省ほかの中心市街地活性化に関する委員会で時々一緒になりました。今までの常識にこだわらない発言が鋭く、面白い人物だと

公民連携事業機構設立シンポジウムの様子

ゲストに藤原紫波町長（当時）と佐々木国土交通省審議官（当時）を迎えた

感じました。そこで、岩手県で活躍中の岡崎さんと若手のホープ木下さんを引き合わせることを思いつきました。そこから、何かが生まれるかもしれないと思ったからです。

最初に2人が一緒に行ったのは、盛岡市の肴町商店街という古くからある商店街のエリアマネジメント事業です。再生ゴミの収集を商店街が一体となって行うことで、街をきれいにし、かつ収益を上げるというものです。

岡崎さんと木下さんを引き合わせたことから、私を含むこれからのまちづくりを議論するチームが誕生しました。3人とも従来のまちづくりのやり方について、疑問を感じていました。特に、多くの地方都市で行政の補助金を頼りにしたまちづくりがことごとく失敗していることを強く懸念していました。従来のまちづくりのやり方と全く異なる、新しいやり方をつくり出していこう。そのためには、全国各地に民間の自立するまちづくりチームをつくることが急務だ。民間自立のまち会社を養成するブートキャンプ（集中特訓講座）を開こうということになりました。こうして家守養成講座（エリアイノベーターズブートキャンプ）が始まりました。東日本大震災が起きた年の5月のことです。その後ブートキャンプは回を重ね、全国各地に民間自立のまち会社がいくつもできています。さらに、被災地の中心部を復興するとき、復興まちづくり会社が必要だということで国の外郭団体から養成を受けて、復興まちづくりブートキャンプを開催し続けています。

3人の活動は、ブートキャンプを

第1回まちづくりブートキャンプの様子

教える側も指導に熱が入る

第5章　公民連携型・大規模なリノベーション　｜　163

開催することから具体的に始まりました。そして、その活動を発展・継続させるために、2013年1月一般社団法人公民連携事業機構を設立しました。公民連携事業機構は、集中型研修による自立型まちづくり会社養成、ブートキャンプ・プログラムの提供、公民合築事業検討のための学習プログラムの提供および研修（主に自治体向け）の開催、シンポジウムや政策提言を通じた公民連携事業の普及啓発等を行っています。

公民連携事業機構が目指すものと特徴は、以下の通りです。

【ミッション】
公共が持ちうる施設機能と民間が持ちうる産業機能を融合し、低投資かつ効率的な経営を実現する「公民連携事業」の具体的推進を通じ、より幅広い国民福祉を実現します。

「経営としてのまちづくり」で地域再生の新時代を拓きます。

【公民連携事業機構の特徴】
①縮退化する日本社会の中で、新たな都市開発および都市再生の具体的なプロジェクトを被災地を含む全国各地で実施し、実質的な成果を上げていること。
②新たな都市開発および都市再生の実施手法を教える家守塾、ブートキャンプ、リノベーションスクール、復興まちづくりブートキャンプを行い人材を育成していること。
③自立するまち会社づくりを自ら行い、その経験知を元にして自立するまち会社づくり支援を行っていること。
④新たな都市開発および都市再生プロジェクトの現場を多数持っていること。
⑤「経営としてのまちづくり」に必要なノウハウを体系化していること。

オガールプラザで開催されている復興まちづくりブートキャンプ

第6章

公民連携型の都市経営へ

民間主導・公民連携のまちづくりの特徴は、パブリックマインドを持つ民間チームが民間の強みを生かしたまちづくり事業を行い、公共の一翼を担っていくことにあります。その際、公共側は従来のやり方を一旦捨て去って、新たな民間とのコラボレーションの仕方を追及していかなければなりません。民間の強みは、マーケティング力とマネジメント力に基づく事業経営力があることです。そして、スピーディでフレキシブルであることです。

　パブリックマインドを持つ責任ある民間組織がまちづくりに乗り出してくる時代になったとき、公共側にもまた同じようなスピード感と柔軟性が求められるのは、当然のことだと思います。

責任ある市民による真の住民参加を

　中心市街地活性化法（1998年施行、2006年改正）に基づき全国の諸都市に官製TMOが誕生しましたが、そのほとんどが全く成果を上げられていない状況です。一方、市民グループ、民間企業、商業者、不動産オーナー、大学関係者などによる、民間主導型のまちづくりが全国各地で行われ始め、それぞれのまちに変化の兆しが出始めています。

　民間主導型のまちづくりを行い、それが継続力を持っているところ、すなわち組織化され、自主財源が確保できていて、世代継承がなされている地域は、元気なまちが維持され、地域が活性化しています。しかし、民間主導型のまちづくり活動が行われていない地域は、人口減少、財政難下の地域疲弊・衰退の渦に巻き込まれている感が否めません。

　市民の動きを見てみましょう。1998年3月特定非営利活動促進法成立以来、NPO法人、地域活動団体、ボランティア団体グループなどの非営利公益市民活動団体がまちづくりを行う動きが今や全国で一般的となり、行政側はこれらを支援する、市民協働のまちづくり政策を掲げているところも

数多く見られるようになりました。

　非営利公益市民活動団体が継続してまちづくり活動を続けていくためには、資金が必要です。世田谷まちづくりファンドや千代田まちづくりサポートのように、基金を運用しながら、市民グループのまちづくり活動をサポートすることも行われています。しかし、多くの各種市民活動団体やボランティア団体は継続するための資金が乏しい現状にあり、自主財源をどうつくり出すかという課題に常に直面しています。

　都市計画の策定や道路、公園、公共施設などを整備する際に住民参加が義務付けられていますが、それらは形式的に行われていることが多いです。行政側は、住民からの無謀な要求を過度に心配し、ワークショップなどを開催してお茶を濁すようなやり方で済ませてしまっています。しかし、時代の流れに即して考えると、行政の透明性や情報開示に対する要求はますます高まるでしょう。また一方、ひたすら要求を言い続ける無責任市民ではなく、パブリックマインドを持ち、責任ある市民として自ら活動している市民も相当数います。まちの実態を身近に把握し、地元にしっかりしたネットワークを持っている人がいるのです。彼らが公のサポートとともに立ち上がったとき、まちは大きく動くでしょう。今や、責任ある市民による真の住民参加が行われる新しい自主的なまちづくり時代を迎えようとしています。

　さらに、自分たちのまちを自分たちの手で守り育てるエリアマネジメントの動きも顕著です。新たに開発された住宅地、大規模開発とその周辺エリアでは、住民、事業主、地権者を中心としたエリアマネジメントの動きが急速に高まっています。

　住宅地においては、建築協定、景観協定を活用した良い街並み景観を形成し、維持することや、広場や集会所等の管理による良好なコミュニティ形成がHOA（ホームオーナーズアソシエーション）的な住宅地管理組織によって行われ始めています。

都心部の好立地の再開発プロジェクト、例えば東京駅前の大丸有地区の開発では、約120haのエリア内の全地権者を組織して再開発とエリアマネジメントを同時に行っています。その中心は、三菱地所です。120haの不動産の所有者全員が加入する大手町・丸の内・有楽町地区再開発計画推進協議会（2012年から一般社団法人大手町・丸の内・有楽町地区まちづくり協議会）という組織をつくっています。また、NPO大丸有エリアマネジメント協議会も運営しています。この二つのエリアマネジメント組織により、着々と再開発を進めながら、働くだけのまちから働くこととショッピングや飲食を楽しむことが共存するまち、そして多くの人が訪れるまちをつくり上げています。そして不動産の価値を着実に高めています。また、他の再開発プロジェクトにおいても、大資本を中心としたエリアマネジメント組織が再開発区域に接する一皮分の周辺区域を含むエリアマネジメント活動を実施して、良好な環境とエリア価値を保つ動きが行われ始めています。これらは、ある限られたエリアを対象とし、行政に頼らず、自分たちのエリアを自分たちの手で守っていこう、育てていこうという動きです。民間企業と市民が一体となり、情報発信、環境維持、来街者サービス活動等を展開し、まちの安全とイメージを保つ役割を演じていることは非常に貴重なことです。

　エリアマネジメント活動が行われている地域は、極めて恵まれた地域です。恵まれた地域だからこそエリアマネジメントを行い、エリア価値を維持しようとしているのかもしれません。しかし、実際には恵まれていない場所がほとんどであることは言うまでもありません。衰退エリア内の土地所有は細分化され、エリアマネジメントをリードする大資本もなく、また現状では立地が良くないと判断されているため、民間の投資も呼び起こせないという場所ばかりです。

リノベーションまちづくりで都市圏を再生する

　リノベーションまちづくりは、衰退しているエリアを変える"エリアプロデュース＆エリアマネジメント活動"です。リノベーションまちづくりは、縮退する日本社会の中で発生している大多数の疲弊・衰退地域の再生のために、建物や利用度の低い公園・道路等都市施設の活用と再生を起爆剤にして、エリアに新しいまちのコンテンツを導入することで、まちにインパクトを与え、次々に波及効果を生み出し、まちのダイナミズムを生んでいくことを本質としています。

　その推進役となるのが現代版家守チーム（民間自立型まちづくり会社）で、家守チームが不動産オーナーと事業オーナー（利用者、起業者、テナントなど）をコーディネイトして、遊休不動産を活用し都市型産業の集積を行っていくプロセスをつくり出します。

　そこで重要なのは、家守会社（民間自立型まちづくり会社）を疲弊・衰退地域の中にいくつも立ち上げることです。そして民間の有志チームがパブリックマインドを持ち、オウンリスクでまちづくり事業を行い、きちんと収益を上げ、上がった収益をまちづくりに再投資することです。

　パブリックマインドを持つ家守会社がまちの中にいくつも育ち上がり、これらが戦略的都市経営を目指す行政と連携し、時代の流れに即した公民連携まちづくりを継続的に行っていくこと。これこそが、今の時代だからできる新しいまちづくりの取り組みです。

　そのまちで生活している人たちだからこそ持ち得ている生活感覚とネットワークを生かし、自分たちでまちを変えていこうという想いを根っこに持ってまちづくりに積極的に関われば、それは強いでしょう。そしてそういう人たちを力強くバックアップする公共が共に動けば、当然最も強力なものになるはずです。

それぞれのまちのそれぞれのエリアには、個別の課題があります。それらの課題を解決しようとするとき、行政側が、縦割り行政では課題解決できないことはあまりに明らかです。一つ一つの課題をもとに、横断的に、総合的に都市経営課題を解決していく姿勢こそが求められるからです。

　既存のまちを変える取り組みは、真に幸せなまちをつくり出そうとする強い意志を持つ人たちによって、全国各地で行われ始めています。そのとき公と民の境目はありません。

　面白く、ユニークで、フレキシブル、合理的、自然で、楽しいまちづくり。まちづくりに関わる人たちが、年齢、性別、職域に関係なくつながっていくまちづくり。都市が抱えるいくつもの課題を並行して解決に向かわせることのできるまちづくりが「リノベーションまちづくり」の特徴です。

　このように、現在の日本社会においては、まちづくりの考え方の基盤自体が大きく変わってきています。時代が変化すれば、必要な常識も変化していかなければなりません。

01

公だ民だと言っているヒマはない

　新しいまちづくりの常識とは、何なのでしょうか。それは、局面が変化した現在の日本の状況に合った、すでにあるもの、すでにあるまちを生かしたまちづくりです。まちづくりは、今よりも良い暮らしを営めるようにハード・ソフト両面からまちの改善を図ろうとするプロセスですが、ハードが先行するのではなく、まちのコンテンツというソフトを主体とするものです。また、誇大妄想的な地図の上に定規で線を描くような都市計画ではなく、地域の潜在的な資源を生かしながら、まちの一画で小さなプロジェクトをつくり上げ、それを大きく育てるようなものだと思います。そして、まちづくりの主役には不動産を所有する民間と公共の人たちが加わってくるでしょう。こうした「リノベーションまちづくり」を行うことで、それぞれの都市・地域が直面している課題を解決する役割が、今の時代のまちづくりに期待されているのではないでしょうか。

　その際、行政が主導するのではなく、民間が主導してまちづくりを行います。公がすべきこと、民がすべきことについても今までとは異なるものになってきました。民間側の人たちも変わらなければならないし、公共側の人たちも変わらなければ、都市や地域が継続することが困難な時代に突入してしまっているのです。早く、このことに気づいてください。そして、新しい常識を早く身に着けて、公も民も共に新しいまちづくりの活動を楽しく始めてください。

　これまでまちづくりと言えば、行政が旗を振り税金を投資し、民間の事業にも補助金をつけ、行政主導で行われてきました。これは、右肩上がり

の時代にのみ通用したやり方ではないかと思います。今、日本社会の局面は変わりました。2000年を超えたところからハッキリと社会の様相が様変わりしました。まちづくりに関係する方々、民間の方々も行政の方々もこのことをしっかり受け止めてください。まずは、まちづくりの今までの常識をなしにして、0からスタートすることをやってみてください。

　局面の変化で大きいことが、人口減少と財政難という二つの現象です。人口が減少し始め、最近では毎年20〜25万人都市が一つずつ消えているのに等しい状況になったこと。その中で少子化、高齢化が刻々と進行していること。さらに、産業の空洞化、産業の疲弊がほとんどの自治体から雇用を喪失させていること。地方都市に人が暮らし続けられなくなる状況は次第に深刻さを増しています。商店街が空き店舗だらけになり、シャッター通りになったからといって、中心市街地の商業を振興させれば良いというような直線的で短絡的な解決策は有効ではありません。商店街を復活させればまちが良くなるというような状況ではもはやないのです。もっと根本からまちを変えることに取り組んでいかなければならなくなったのです。

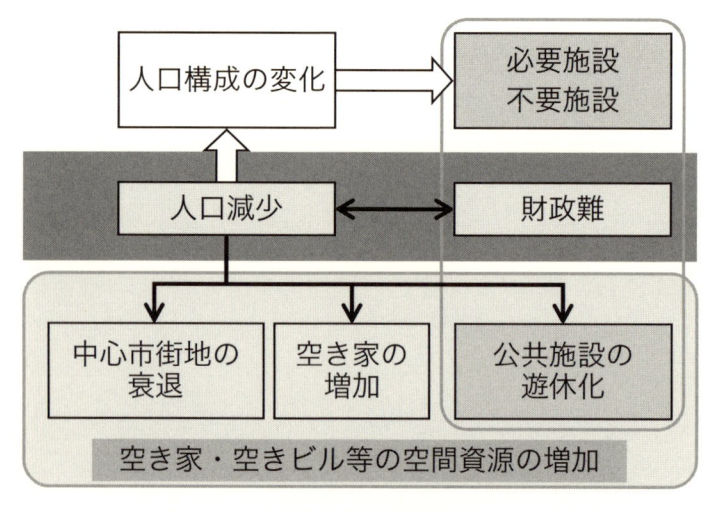

まちづくりの新常識

国の財政の逼迫は、1742の市区町村の財政状況に極めて深刻な影響を与えようとしています。高齢化の結果、各自治体においては医療介護費、生活保護費などの歳出が増え続けています。一方、自主財源は毎年ほとんどの自治体で減り続けています。固定資産税、住民税（個人住民税と法人住民税）が、多くの自治体の自主財源の柱ですが、これらが減り続けているのが現状です。もし、国からの地方交付税が各自治体に今ほど多く振り分けられない状態になったら、市町村は即座に財政破綻してしまいます。

　右肩上がりの時代にたくさんつくってきた公共施設、道路、橋、トンネル、公園、学校、役場庁舎、図書館、体育館、プール、公民館、等々が老朽化し更新期を迎えようとしていますが、維持更新の費用を賄うことが難しい自治体がほとんどです。それは、公共施設白書をまとめて、中長期のシミュレーションをしてみれば簡単にわかることです。ほとんどの自治体で、現在支出している維持更新費の平均値を2倍以上も上回るお金が将来必要になるという結果が出てきます。しかし、現在および近未来の自治体の財政状況では、これを賄っていくことが困難です。つまり、ほとんどの自治体が近い将来、あの北海道の夕張市と同じようになってしまうことがシミュレーションにより明らかなのです。しかしながら残念なことに、公共施設白書をまとめて、これを市民に発表している自治体はわずか数％にしかすぎません。

　こうした極めて厳しい状況の中で、日常、目に見える形で進行しているのが、空き店舗、空きオフィス、空きビル、空き家、空き地の増加です。言い換えれば、遊休化した不動産という空間資源がまちの中心部にも、周辺部にもどんどん増え続けているということです。中心部を取り巻く住宅地においては、空き家が増加しています。国の住宅・土地統計（2008年）によると、空き家は全国に756万戸あります。空き家率は13.1％、7戸のうち1戸が空き家という状態です。統計には上がってきませんが、隠れた遊休資産が他にもたくさんあります。自社ビルを自社で使用しているケース

など見てみると、上層階はほとんど空きビル化しています。住宅街の実態を見てみると、2階建ての5LDKくらいの住宅に、おばあちゃんが1階の片隅にちょこんと暮らしています。家の大部分は空き家化しているというのが実態です。

　増えているのは民間の遊休化した不動産だけではありません。公共の遊休化した不動産も増え続けています。箱物型公共施設の約半分(床面積比)を占める、小・中・高等学校等の廃校が続いています。使用中の学校の教室の多くも空いています。ほとんど利用されていない公園もたくさんあります。また、都市活動、経済活動が停滞しているエリアでは、道路という大きな公共空間が遊休化しています。

　こうした遊休不動産という新たな空間資源をどのように活用し、都市・地域経営課題の解決を図っていくか、これがリノベーションまちづくりの真髄です。

02
0を1にする／
小さく生んで大きく育てる

　まちづくりを行うとき、誇大妄想的な都市づくりを夢想していませんか。パリの骨格をつくったオースマン、関東大震災の復興計画をつくった後藤新平など都市計画の偉人たちを目指してはいませんか。東日本大震災の計画を作成している方々の多くが、過大な都市計画を目指してしまっているように感じています。

　これからのまちづくりの場面では、最初の一歩が本当に大切です。東日本大震災の復興計画と同じように、過去の中心市街地活性化計画などにおいては、あまりに広いエリアを計画エリアとして設定しているように感じます。現在日本の中で、まちづくりを行うには、小さく産んで大きく育てることが必要だと考えます。計画する規模の大きさよりも、最初の1歩として行うことの中に、そのまちを変えるいろいろな要素が込められていることが重要なのだと思います。つまり、規模は小さくても濃いコンテンツを含む、新しいまちのDNAを含むプロジェクトを最初に実行することがとても大切なのです。

　0を1にする最初のひと転がり、これをつくり出すことは、実にエネルギーがかかります。しかしこのことが本当に重要だと思います。小さくても、周囲のエリアに影響を及ぼす最初のひと転がり、これを生み出すためにはどうしたら良いのでしょうか。

本書でこれまでお伝えした通りの次の手順を踏んでみてください。まず、まちづくりを行うエリアを小さく考えることから始めるのが良いです。最大でも半径200mくらいのエリアを対象としたほうが良いです。端から端まで歩いて5分で行ける範囲です。面積にして約12haです。実際に始めるときには、これよりもさらに狭い範囲からまちを変えていくことをお勧めします。北九州小倉魚町のリノベーションまちづくりにおいては、60m四方くらいを最初の対象としています。

　次に大切なのは、まちづくりを行うコアメンバーです。ただメンバーの数を増やせば新しい動きがつくり出せるわけではありません。対象となるエリアを変えるために、どういうメンバーが集まれば、それに続く人たちが雪だるま式に集まってくるのかをよく考えることが必要です。そのためには、コアメンバーとして誰と誰を呼び込むことが必要なのかをよく考えなければなりません。エリアを変えるためのコアメンバーが揃うと、あとは自動的に動き始めます。

　続いて大切なのは、どんなエリアに変えていくかというビジョンを持つことです。闇雲に空いている不動産を使って何かをすればエリアが変わっていくわけではありません。現在そのまちが抱えている課題は何か、これを突き詰めて考えることが一方で大変重要です。また、現在あるまちの資源を発掘して、資源を生かした近未来の暮らしの姿を描くことがとても大切です。そしてまちの課題とまちの資源を使った近未来の暮らしの姿をぶつけ合ったところにビジョンが生まれてきます。エリアのビジョンを描きながら、最初のプロジェクトを実行することが小さく生んで大きく育てる第1歩となります。

　もう一つ重要なこと、それはよく考えたプロジェクトを実行し始めたら、それが成功するまでやり抜くことです。民間主導でまちづくりを行う際、プロジェクトが事業的に成功しなければ、それは継続できません。また、次なる民間の投資が起きてきません。民間がやり始めたまちを変えるプロジェクトが成功すると、それが周囲に連鎖します。大きく捉え、小さいプ

ロジェクトを実行すること、そしてそれを成功させることが小さく生んで大きく育てるもとになるのです。

　今まで、0を1にする例を私自身いくつか体験してきました。第4章で述べた通り1992年第一次バブル崩壊直後の東京表参道の地上げが行われた場所で、スパニッシュバルを開き、のちにワインレストランに変えた飲食店を経営し大いに繁盛した結果、その周囲に同様の店やオフィスが集積したこと。同じく表参道交差点近くで、再開発するビルの路面階に世界的なブランドショップを入れたことにより、表参道から根津美術館にかけての通り一帯が、ブランドストリートとなったこと。2003年から東京の下町の問屋街で、遊休化した不動産を使ってCETというアート・デザインイベントを開催することにより、このエリア一帯がアートタウン化したこと。2010年から始めた小倉家守プロジェクトで、魚町エリアの小さな一角にものづくりをする人たちが集積し始めたこと。HEAD研究会という5、6人から始めた組織が、200名を超える大集団に成長し、建築と不動産をつなぐ領域を育てつつあること、等々です。詳細は本書第4章コラム、事例を参照してください。

　いずれも小さく生んで大きく育ってきたものばかりです。それがなぜ大きく育ってきたか、共通するのはフラットな場づくりがうまく行われたことではないかと思います。みんなが互いに意見が言いやすいフラットな場です。こういう場をつくり出すためには、コアメンバーの人選が極めて重要です。メンバーが醸し出す雰囲気が重要なのです。それは、新しいものをつくり出す意志と言ってもいいかもしれません。時代と社会が変化する中で、お金や地位や名誉も関係なく、みんなにとっての新しい時代、新しい社会に即したものをつくり出していく意志を持つ人たちが集まっているかどうかにかかっているのではないでしょうか。

03
公民の不動産オーナーが連携すれば都市は変わる

　これからのまちづくりの主役は、民間と公共の不動産オーナーの方々です。今まで、これらの人たちがまちづくりの場面に登場することは少なかったです。遊休化した資産がまち中に溢れるストック社会に突入している今、これらの資産の使い方のカギを握っているのは、その所有者の人たちなのです。所有者が遊休化した資産を何もしないまま握りしめてしまっていては、まちは衰退を続けるだけです。所有者の人たちが意識を変えて、遊休化している資産をまちのために活用し始めれば、みるみるうちにまちが変わっていきます。

　民間の不動産オーナーの人たちだけでなく、公共もまちの大きな不動産オーナーです。このことが案外盲点なのです。公共が所有する道路、公園、公共施設の敷地面積が占める割合は、特にまちの中心部においては極めて大きいものです。道路率だけでもまちの中心部では20〜30％にも及びます。これらの不動産オーナーの方々が、まちづくりに楽しく参加し、お金とエネルギーを投下することがまちを変えていくエンジンになるのです。そして、その成果は、不動産オーナーとまちの人たち双方に返ってくるのです。

　不動産オーナーの方々にまちづくりに参加してもらうときに、必ず言う言葉があります。それは「敷地に価値なし、エリアに価値あり」というこ

とです。不動産の価値は、個別の敷地だけでできているわけではありません。敷地を取り囲むエリアとしてのみ価値を持ち得るのです。このシンプルな事実を不動産オーナーの方々にわかってもらうことが大変大事なのです。そして、エリアの中の不動産オーナーの方々が連帯してまちづくりをすることがエリアの価値を維持し、高める結果につながるのです。

　現在の日本社会において継続するまちをつくり上げていくためには、不動産を持っている人たちが連帯し、自立してまちづくり活動を行うことがどれほど大事なことか。まちを愛するしっかりした人が揃っていれば、良いまちができます。まちづくりを、そのエリアの民間と公共の不動産オーナーに根ざした活動として捉えてみる必要があります。しっかりした不動産オーナーが連帯すると、継続するまちづくり活動ができ、エリア価値が上昇します。不動産とまちづくりとは正比例の関係にある、この当然のことが極めて大切なのです。

　いくらすばらしい住宅を建てても隣にゴミ屋敷ができてしまえば、その住宅の価値は、エリア価値が下がりますので下落します。中心市街地においてその場所がその都市で一番地価が高いエリアだとしましょう。そこに、

民間主導・公民連携のリノベまちづくり
リノベーションとは、今あるものを活かして新しい使い方をすること

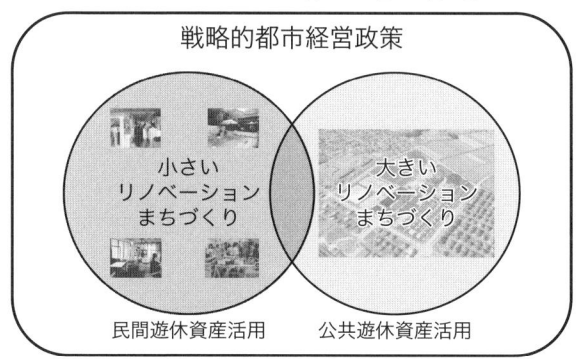

戦略的都市経営政策
- 小さいリノベーションまちづくり（民間遊休資産活用）
- 大きいリノベーションまちづくり（公共遊休資産活用）

公民連携リノベーションまちづくり

第6章　公民連携型の都市経営へ　｜　179

風俗店の案内所や悪徳金融業者の店舗が出たら、そのエリアの価値が下落します。個別の敷地だけでは、不動産の価値はつくれません。

まちにやってくるお客さんは、まずこの小さなエリアを選び、次にそのエリアの中の個別の施設を選びます。エリアの魅力を高め、その情報発信をすることがエリアの集客力を高めます。エリアの魅力増大が不動産経営を長期的に支えるのです。停滞するまち、衰退するまちを変えていくためには、公共と民間の不動産オーナーが連帯して変化を生み出すエリアプロデュースが必要です。そして、活性化した後はエリアマネジメントをしっかり行うことが不動産経営にとって必須なのです。

不動産オーナーの方々、まちづくりに参加し楽しく活動しましょう。そして、エネルギーとお金を投資しましょう。その投資は、後々不動産オーナーの収益となって返ってきます。

民間主導・公民連携のリノベーションまちづくりは、民間の遊休資産を活用する"小さなリノベーションまちづくり"と公共が保有する大きな遊休資産を活用する"大きなリノベーションまちづくり"とをつなげて行うことによって、エリアの価値をより一層高めていくことができます。特に各都市の中心部では、民間だけでなく公共が持つ不動産の比率が大きいため、民間と公共が一体となってエリアを変える活動を行えばその効果は大きくなります。

行政の方々、不動産オーナーの方々への啓発活動を行いましょう。不動産オーナーの方々がまちづくりに取り組むことがどれほど大切かを知ってもらいましょう。そして、行政も大きな不動産オーナーであることをしっかりと自覚しましょう。民間の不動産オーナーと連帯して、一緒にまちを変えていきましょう。

04
都市再生に補助金は要らない

　民間は自立してまちづくりを行い、行政は民間自立型まちづくりを支援する、これが今までの行政主導・補助金投入型のまちづくりと異なる、新しいやり方です。

　小倉家守プロジェクトのプロデュースの流れを振り返ると、最初は市役所の依頼から始まり、民間主導となるための仕組みづくりや構想づくりを市役所が行ったことになります。そして、実際に民間の動きが起きたら、それを見ながら行政が支援策を打ち出していきましょうという手順になっています。ですからメルカート三番街にもポポラート三番街にも、続々と再生している他の施設にも、補助金は一切投入されておらず、完全に民間で自立したまちづくり事業への投資と経営がなされているのです。

　このように、民間資産を活用して行う小さいリノベーションまちづくりは、2010年度に「小倉家守構想」の検討が始まって以来、それに基づく実プロジェクト化が2011年から小倉魚町とその周辺地区で着々と進行しています。民間不動産オーナーと民間家守チームがリノベーションの投資を行い、5年以内にその投資を回収するというやり方で実行しています。補助金は一切使われていません。民間が自立して行うのが小さいリノベーションまちづくりの特徴です。

　その結果として、小さなエリアの中に新しい都市型産業の集積が起こり、2011年から2014年の間に300名を超える雇用が生まれています。小さいリノベーションまちづくりは、スピードが速いことが長所です。思い立ったら、すぐにやる。そして、まちに小倉家守構想を実現する小倉家守構想

のコンセプトを背負ったプロジェクトができるのです。構想が"絵に描いた餅"ではなく、実際に中に入って触れることができるものになるのです。これまで中心市街地に投入され続けてきた補助金は、本当に必要だったのでしょうか？

　小倉魚町では、さらに、中心部の車の通行量の少ない道をまちづくりに活用する検討が始まりました。公共が所有する道を活用するプロジェクト、これは大きいリノベーションまちづくりになります。もちろん、こういう事業も民間側の事業企画力や経営センスが大いに活用されることでしょう。大きいリノベーションまちづくりは、公共財を活用するプロジェクトであり、多くの関係者が存在します。小さいリノベーションまちづくりよりも少し時間がかかります。しかし、道という公共空間と敷地と建物という民間空間がひとつながりのものになることが大変重要です。公共と民間との境目がないまちになるからです。このことはきっと、いろんな人たちの意識に変化をもたらすことになるでしょう。

　全国各地の補助金が投入された中心市街地のプロジェクトは、大きな建造物をつくっているケースか、垂れ流しのように行われているイベントに補助金が使われているかが、そのほとんどです。また、空き店舗対策事業のような民間が行えばよいものにわざわざ補助金を使っているケースも見受けられます。そして、それらが効果を上げていることがほとんどないのです。

　特に再開発プロジェクトや商店街のアーケードの架け替えのように大きな建造物をつくる場合、補助金が入ることで規模が大きくなってしまう傾向が多く見られます。規模に加えて坪当たりの建築コストも割高になってしまう傾向があるようです。補助金を使えるなら目いっぱい使おうという意志が働いてしまうかのようです。再開発の場合などは、容積率いっぱいに大きな建物をつくって、余った保留床で資金を回収しようと机上の計算をしてしまうのでしょうか。地方都市では、大きくつくりすぎた建物は、

竣工時から使われることなく空きビル化してしまうのが現状です。補助金がもたらす悪い影響は、建物系のことだけでなく、設備の投資についても全く同じです。補助金が付くことがわかった瞬間に、膨大な設備を備えてしまい、後になって負の資産を抱え込んでいるケースが農業関係の補助金でもよく見受けられます。アメリカの経済学者ミルトン・フリードマンの言うように、まさに「補助金は、死の接吻」です。

　まず、補助金を使わずに事業を計画しましょう。それが基本中の基本です。そして、自力で小さく事業を生んで、それを大きく育てるようにしましょう。

　補助金を使ってはいけないと言っているわけではありません。補助金も生きるように使えれば、これは立派に社会的な役割を果たします。つまり、もし補助金を使う際は、それを事業としてちゃんと発展させて、効果を周囲に及ぼし、そして、やがて税金の形で還元する。こういう大きなサイクルを回せるようにしなければなりません。そのためには、まず、事業を収益性がある形できちんと計画し、継続的に収益を上げながら経営していくことが必要です。

　収益性もない事業に補助金を投入すること、それが、間違っているのです。

05
民間主導のまちづくりは
何が違うのか

　民間主導により、何が異なるのでしょうか。それは、従来公共が行っていたように事業採算性を度外視した事業を行わなくなることです。事業継続性のない公共施設や必要以上に大きな公共施設をつくらなくなることです。不必要な補助金を使わなくなることです。そして、公共施設縮減時代の中で、必要とされる公共施設、公共サービスを質を落とさずに維持管理できるようになることです。

　民間主導になることによって、マーケティング力とマネジメント力が発揮されます。マーケティング力は、現在および近未来に必要とする、人々が求めるものは何かということを峻別する力です。マネジメント力は、近未来に向けてフレキシブルに事業を組み立て、人を動かし、総合的に事業を行っていく力です。黒字経営を継続的に行える能力です。残念ながら現在の行政には、マーケティング力とマネジメント力が共に欠如しています。また、スピード感と柔軟性が欠けています。

　公共施設や公共サービスは、行政だけが担わなければいけないのでしょうか。最近、民間主導で公共的なサービスを提供している事例や、民間主導で公共施設を合理的に建設し運営する事例が、いくつか出てきています。本書においても取り上げている、この数年私自身が関わってきた廃校となった中学校をアートセンターに変えた3331アーツ千代田（p.147参照）の

事例や岩手県紫波町（人口3.4万人）の公民合築施設オガールプラザの事例（p.158参照）などがその代表例です。

　公共施設や公共サービスは、民間主導でこれをつくり運営していくやり方が今後主流になるのではないでしょうか。いや、なっていかなければならないと思います。そうすることにより、より充実したサービスが提供でき、かつコストが劇的に下がります。現在も、多くの自治体では旧来型のやり方のみが行われていますが、新しい常識すなわち民間主導で公共施設や公共サービスを提供するやり方を実際に行っている側から見ると、旧来型のやり方はなんて不思議な、不合理なやり方なのだろうと感じてしまいます。

　パブリックマインドを持つ民間組織、民間企業がまちづくりに資する事業を行ったり、公的サービスを提供し適正な利益を上げてこれを継続する時代になったのではないかと思います。そして、蓄積した利益をまちに再投資する。すなわち、民間がパブリックマインドを持ち公共の一翼を担うことが今こそ求められているのです。

　自治体の首長はそれぞれの都市を経営する最高責任者です。現状では、都市経営能力を備えた首長はほとんどいないのが実態です。今こそ、戦略的な都市経営を図るべきときではないかと思います。皆さん、選挙のときにはこういう視点からも投票を行ってください。それが現在住んでいるまちを変えていく上で、大変大事なことになると思います。

06
行政の役割は何か

　それでは、まちづくりにおける行政の役割は何なのか、民間の役割は何なのかを具体的に説明してみましょう。行政はどう動けば良いのか、北九州市の実例をもとに記します。

　北九州市の中心、小倉魚町周辺で2010年度から行っている小倉家守プロジェクトは、行政と民間が共にお互いの役割をよく認識し、それぞれが果たさなければならない役割をしっかりと行い続けています。小倉家守プロジェクトにおいて、行政が行ってきたこと、民間が行ってきたことをまとめると、次頁の図の通りです。

　北九州市が行ってきたこと、それは一言で言うと舞台づくりです。民間の不動産オーナーと家守がリノベーションまちづくりを進める舞台を準備することです。志を持つ不動産オーナーと家守候補を見つける作業、そして啓発するプロセスがまず必要でした。小倉家守プロジェクトにおいて、このプロセスは、北九州市が担当しました。

　また、小倉家守プロジェクト初年度において北九州市が行った重要な手立て、それは家守チームの育成を目指す家守講座を開催したことです。

　小倉家守プロジェクトの第2年度に北九州市が導入したものが、リノベーションスクールです。リノベーションスクールは、リノベーションまちづくりのエンジンとなりました。

　また、毎回リノベーションスクールが終了すると即座に次のリノベーションスクールの打ち合わせがすべての関係者を集めて始まります。それは、

初年度 北九州市が行ったこと	初年度 民間側が行ったこと
・都市型産業関連調査(前年度実施) ・小倉家守構想策定 　(検討委員会開催、策定) ・啓発活動(家守育成塾) ・不動産オーナーネットワークづくり ・部署間連携	・リノベーション可能性案件調査 　(九工大) ・不動産オーナーがリノベーションプロジェクト化宣言 ・リノベーションシンポジウム開催 　(HEAD研究会)
2年度以降 北九州市が行っていること	2年度以降 民間側が行っていること
・リノベーションスクール 　(年2回開催) ・リノベ特区関連調査 ・官製TMOの改革 ・リノベーションまちづくり推進協議会設立 ・市の成長戦略にリノベーションまちづくりを加える ・リノベーションプラン評価事業 ・公的不動産の活用	・民間家守会社設立(複数) ・リノベーションプロジェクトの実行(複数) ・リノベーションまちづくり推進協議会設立 ・リノベーションまちづくりセンター設立

小倉家守プロジェクトでの行政・民間の役割

リノベーションまちづくり推進協議会と呼ばれる平たい場です。北九州市は、リノベーションスクールとリノベーションまちづくり推進協議会という二つの場をセットしています。

　2010年度の小倉家守構想策定から3年、2013年度に北九州市が行ったことは、市の成長戦略にリノベーションを加えたことです。そして、リノベーションプラン評価事業という新しい取り組みを始めました。これは、小倉家守構想に基づくリノベーション事業の計画を市に提出し、評価委員会による審査を受けます。審査に合格するとリノベーションプランとしての

リノベーションスクールの様子

認定を受け、これが認定されると成長戦略に基づく融資事業(限度額1億円)が適用されるのです。
　これらが、北九州市が行っていることの要点です。

07
民間の役割は何か

　それでは、民間側は何をどう行ったらよいのでしょうか。
　民間主導でまちづくり事業を行うときの考え方の基本は、志とソロバンの両立です。民間主導だからといって何でも勝手にやってよいというわけにはいきません。利益のみを追求するのが、民間の役割ではありません。まちづくりに資する事業を行うわけですから、まちづくりの目的と目標に向かって事業を考えていかなければいけません。そして、ビジョンを実現するプロジェクトを計画し実行しなければなりません。何のために何をするか、これが基本なのです。

　北九州市小倉の場合、小倉家守構想に基づきひたすら遊休不動産を民間の投資によりリノベーションし、これを維持継続させています。すなわち、不動産オーナーと家守が一緒にまちづくりに資する事業をオウンリスクで興し、利益を得て運営を継続し、蓄積した利益をまちに再投資することを行っています。何でもよいからテナントを引っ張ってきて空き店舗や空きビルを埋めればよいというのではありません。小倉家守構想に掲げられた方向性に沿って、小倉ならではの新しいまちのコンテンツを集積させることが求められます。そして、リノベーション事業は最長5年間で投資を回収するように計画されています。もちろん、内装や設備の工事に着手する前にテナントを先付けすることも当然行われます。こうした志とソロバンの両立が民間側には求められているのです。民間側はパブリックマインドを持ち、そしてしっかりソロバンの合う事業を行い続けるのです。これが

民間の役割です。

　特に、エリアを変えるビジョンに沿って新しい事業オーナー、テナントを呼び込む際、従来はなかったまちのコンテンツを導入し、まちを変えていくことを行っています。すなわち、従来にはない PIE（パイ）をつくり出すことを行います。まちのコンテンツの更新を図ること、競争力をつけること、イノベーションを行うこと、マーケットの拡大を図ること、そしてエリアの価値を向上させることを行うのです。従来のマーケットと競合することをやっていてもまちは変わりません。

　これを進めるにあたっては、それぞれの地域にフィットする都市型産業を育てるという切り口を設定する攻め方が効果的です。都市型産業とは、都市内に立地するのが適している産業のことで、そのまちらしい暮らし方やまちの個性を決める大事なまちのコンテンツです。また、新たな産業を育てれば、まちを維持していくことが可能になります。

　都市型産業は、都市ごとのキャラクターを持ち、独自性があり、かつ成長性のあるものが望ましいです。現在の都市型産業の特徴は、ソフト、デザイン、クリエイティブな要素が不可欠です。そして、サービス産業の要素を多く含むものです。製造業も製造・販売・サービス業化することが必須です。また、農林水産業の6次産業化を都市内で実現することも立派な都市型産業です。

08
リノベーションまちづくりで都市・地域経営課題を解決する

　リノベーションとは今あるものを活かして新しい使い方をすることです。まちなかに増え続けている遊休不動産を活用し、それぞれのまちの都市・地域経営課題を解決するのがリノベーションまちづくりです。

　深刻な人口減少下で問題は山積しているわけですが、増大するあらゆる空間資源を活用して、都市・地域経営課題を民間主導で解決してみてはどうでしょうか。もちろん公共が連動して公民連携でこれを行うことが最も効果的な方法だと考えます。

　人口減少の根底にあるもの、それは多くの場合、産業の疲弊にあるのではないかと思います。働き口がなければ、そこに住むことはできません。人口減少の中で東京をはじめとする大都市に人口が集中しているのは、このことに由来すると思います。大都市に働き口があるから人が集まっているだけです。大都市でなくても、働き口さえあれば、自然環境の良いところで大都市よりももっと快適な生活ができるのではないかと思います。働き口さえあれば、本当はずっと地元で暮らしたいという人が多いのです。人口が減少している過疎の町で、定住する人を呼び集めることに力を入れている町が相当数見受けられます。人口を増やしたいという気持ちはよくわかります。しかし、ただ人を呼び集めれば、町が継続するでしょうか。やはり、産業を育てなければ町は継続していかないのではないでしょうか。

地方都市において産業を育てることが今ほど求められる時代はありません。北九州のプロジェクトをやってみて、それを強く実感します。
　北九州市から支社や支店が福岡市に吸収されました。小倉都心部のオフィスは今、空室だらけになりました。新幹線によるスポイト効果です。これを悲観していても何も始まりません。何も変わりません。しかし、小倉家守構想による新たな民間主導のまちづくりを始めることによって、新たな動きが出てきました。まちなかにものづくりをする人たちの集積が起こり続けています。新業態の飲食業も集積化が起こっています。シェアハウス、ゲストハウス等の新しい都心居住形態も生まれてこようとしています。これらのリノベーションまちづくりは北九州から全国に情報発信されています。そうする中で、小倉都心部に東京からのオフィス進出の打診が来始めています。これも始めは、小倉魚町３丁目のたった一つのプロジェクトから起きてきたことです。

　例えば、今自治体は、高齢化に伴う医療介護費の増加に悩んでいます。多くの高齢者は当然のことですが、健康に人生を全うすることを強く望んでいます。地方都市では車に頼り切った生活をする人たちが多数派ですが、その一方で毎日ウォーキングしたりジョギングする人の数はどのまちでも着実に増え続けています。各都市で例えばお城の周りの公園とか、緑道とか、川辺とかを歩いたり走ったりする人の数が増えています。それなら、こうした施設がある周辺でのまちづくりの場面で、ランニングステーションやランナーズカフェを行う企画を立ててみてはどうでしょうか。ランナーやウォーカーの人たちのコミュニティが形成され、毎日エリアが人で賑わい始めることでしょう。そして、医療介護費が次第に減少し始めることでしょう。40代以上の人たちが１日１万歩以上歩くと、医療費が確実に減少するという調査結果も出ています。まちに来る人たちの数が減少し、賑わいが喪失しているまちという遊休資産を活用して、健康寿命を伸ばし、医療介護費を抑制し、まちに賑わいをもたらすという効果が期待できるの

です。

　空きビル、空き店舗、空き家を活用して、そこに新しい雇用をつくり出すプロジェクトも極めて有効です。これらの不動産を所有している不動産オーナーには休眠していた資産から現金収入が生まれ始めます。まちなかにリーズナブルな賃料でアトリエやショップが持てる人たちが出てきます。従業者と来街者が増えることで歩行者通行量が増えてきます。まちに少しずつ賑わいが戻ってきます。人が増えれば、飲食業やサービス業が繁盛します。仕事場の近くに住みたい人も増えてきます。これらが続けば、やがて地価が上昇し始めます。自治体の自主財源が増え始めます。遊休化した資産を活用してまちが活性化してきます。

　今、EU圏では再生エネルギー活用が急速に盛んになってきました。木材の利用、特に建物を立てる際、木造構造材を使用したビル建設や、集合住宅・住宅の建設が盛んになってきました。また、残材を利用したペレットやバイオマスエネルギー活用も活発に行われています。あわせて、建物の断熱性能の向上が急速に進みました。従来の化石燃料や原子力に頼っていたエネルギーから、森林資源、自然資源を活用したエネルギー利用に大きく方向転換をし始めています。日本の地方都市の周囲には、あまり手入れが行き届いていない森林資源が膨大に存在しています。これらの森林資源を活用するまちづくりをもっと積極的に行ってみてはどうでしょうか。ドイツ、オーストリアを中心とするEU圏で行われているエネルギー大転換時代の様相をつぶさに見た人間にとって、地方都市の周囲の森林資源は大きな油田に見えてきます。中心部のまちづくりを行うとき、木造の建物を積極的に建てる。その際、断熱性能に優れたパッシブハウス*化すること。薪やペレットを熱源としたエネルギー利用を図ること。風力、水力、太陽熱や地熱を利用すること。こうした地場産のエネルギーを使うことで、地元に多種の産業が生まれるとともに化石燃料を購入していたコストを節約することができます。今まで輸入していたものを地域で生産する"輸入

置換"の考え方は継続する地域をつくり出す上で、とても大切です。

　遊休化した資源を放置したままにしておけば、まちは衰退していくだけです。不動産、田畑、森林等の資源を所有するオーナーの意志次第で、まちは活性化もすれば、衰退し続けもするのです。

　あなたのまちでも、民間と行政が一緒になって、楽しく戦略的なまちづくりを始めましょう。行政の方は都市経営を真剣に考える。そして、戦略的な都市経営政策を考案する。民間の人たちはパブリックマインドを持つ。まちづくりプロジェクトに真剣に取り組む。リノベーションの投資を行う。そして短期間で投資を回収する。獲得した利益をまちに再投資する。こうすることで、公と民が共に手を携えて都市・地域経営課題を解決する。その際、一つのプロジェクトを実行するときにいくつもの都市・地域経営課題を同時解決してしまう。「1粒で5度おいしい」それがリノベーションまちづくりが目指すものです。

＊パッシブハウス（passive：受身の）とは、建物の断熱性能を上げることにより、高性能の熱交換器による空調設備だけで、アクティブな冷暖房器具が不要であるという意味合いからその名が付けられた高性能な省エネルギー住宅のこと。

09
都市政策と5ヶ年計画の重要性

　都市政策の重要性について、今の時代ほどこのことを感じるときはありません。前述したように、北九州市小倉では2010年度委員会を設置し小倉家守構想を検討、2011年3月に策定し発表しました。同時に、北九州市では小倉家守構想を実現していく「5ヶ年計画」をつくりました。この「小倉家守構想」と「5ヶ年計画」が、小倉の中心部を変えるエリアビジョンおよび実行計画として位置づけられています。また、北九州市では市の成長戦略の柱に"リノベーション"を加えました。2013年度のことです。

　北九州市では、近年人口減少、特に生産年齢人口の減少が課題となっていました。中でも、中の上の所得層の人口流出が問題になっています。一方、北九州市小倉都心地区においては、空きビル、空き店舗、空き家、空き地が増加し、これらの利活用が大きな課題となっていました。この両者を結びつけ、都心のストックを活用し、そこに都心型産業を集積することにより新たな質の良い雇用を創出しようとするエリア再生ビジョンと行動計画が「小倉家守構想」と「5ヶ年計画」です。つまり、産業振興課題、雇用問題と不動産問題を一石三鳥、5ヶ年で解決への道を切り拓こうというものなのです。

　戦略的な都市政策ができたこと、同時に5ヶ年の実行計画を立てこれを着実に推進させてきたことの意義がどれほど大きなものか、小倉家守プロジェクトが5年目を迎えた今、それを痛感しています。北九州市の担当部署の方々のがんばりは、すばらしいものです。

小倉家守プロジェクトを担当していたのは、産業経済局新産業振興課（現在はサービス産業政策課に組織変更）です。小倉家守構想を策定する際、その検討委員会には、建設都市局の方々、小倉北区役所の方々、産業経済局内の他部署の方々にオブザーバーとして初めから参加してもらいました。一つの部署で担当する政策の立案と実行が、いろいろな部門に関係することが予測されたからです。事実、リノベーションまちづくりを実行するとともに、重要性が次第にわかり始めています。現在の諸都市において一つの都市政策を実行しようとするとき、それがあらゆる都市・地域経営課題に関係し始めてきます。特に都市の中心部においてはそれが顕著です。これまでの縦割り型行政では、あまりに非効率、非生産的なことになってしまうのです。担当は、どの部署が担ってもよいのですが、絶えず総合的、統合的に考え動くことが求められているのです。そうして、部署横断的に公と民が連携して一つの政策を実行することで多くの都市・地域経営課題を同時に解決してしまってよいのです。それくらい画期的にクリエイティブなやり方をしなければ、まちは持続できないのではないかと思います。

　行政の縦割りは、敷地の中だけにこだわり、そこだけでものを考えている"敷地主義"のように感じます。リノベーションまちづくりにおける「敷地に価値なし、エリアに価値あり」という言葉をもう一度思い起こしてほしいと思います。まちづくりを不動産事業として捉えたとき、公と民の境界もまた同様のものです。公と民の境界は糊代でつながって、境界があることが感じられなくなるとき、魅力的なまちになるのです。

　こうした観点から、都市政策とその5ヶ年計画はそれぞれの都市の都市経営にとって極めて重要なものだと考えます。

　なぜ5ヶ年計画なのでしょう？　まちを変えるには最短でも5年間くらいは必要だから、5ヶ年なのです。中心市街地活性化基本計画も同じ5ヶ年の計画です。何が中心市街地活性化基本計画の5ヶ年計画と小倉家守構想の5ヶ年計画との違いでしょうか。中心市街地活性化基本計画の5ヶ年

計画は、多くの場合、そうなったらいいなという数値目標が掲げられていますが、そうなるためのプロセスが何も書かれていません。変化を生み出すプロセスをデザインすることが欠落しているように感じます。

　まちを変えていく方針とヴィジョンを固めたら、それを具体化するプロセスを考案していかなければ、それが実現するはずはありません。何を行ったら根本的な変化を導き出せるのか、その方策を見つけ出さない限り変化を生み出すことは不可能です。官主導ではなく、民間主導でまちを変えていくために行政は何をやったらよいかを5ヶ年計画として打ち出していかなければならないのです。このことがきちんとできれば、エリアを変えるヴィジョンと5ヶ年計画に沿って、民間主導・行政が支援するまちづくりが着実に進行していきます。まちづくりを行うとき、5ヶ年間の人を動かしお金を動かすプロセスをつくり出すことが極めて重要なのです。

　加えて、5ヶ年間の予算計画も立てておくべきです。補助金のように大きな予算でなく、たとえ僅かな予算でも、それがちゃんと生きるようにすることが大切だからです。

　プロセスと予算が決まれば、あとはクオリティをできるだけ高めることのみです。皆さんのまちでも、エリアを再生するヴィジョンを盛り込んだ都市政策と変化を生み出す5ヶ年計画をもとにしたまちづくりを、みんなで知恵を絞り創造的に楽しく実行していきましょう。

10
老朽化した公共施設をどうするか

　公共施設は、大量にあまり始めています。また、多くの公共施設が更新期を迎えようとしています。公共施設白書をまとめて、公共施設の維持管理費、更新費を試算している自治体のデータを見ると、ほとんどのまちで2030年代には維持管理費が現在の2倍以上かかるという試算結果が出ています。高度成長期に多くの公共施設がつくられ続け、将来の維持管理費、更新時のことなど全く考えていなかったからです。しかし、数十年が経過した後、維持・更新のための財源は涸渇していたのです。これはハコモノだけでなく、道路や橋、トンネル、公園等についても同様です。

　現在あるハコモノをすべて維持することは到底不可能です。現在の住民の便利さや豊かさばかり求めることは、子どもや孫の世代に大きな負担を負わせることになります。そこで、公共施設を整理し、統合し、不要なものは廃止し、できるだけ新規の公共施設は建設しないという方針をとる自治体が出てきています。その際、多部門に分離して管理されていた公共施設を、一元的にマネジメントするところも出てきました。ようやく野放図な放漫経営の時代が終わろうとしているようです。
　その一方で、まだ従来と同じように新しい公共施設をつくり続けている都市もあります。また、公共施設の維持運営管理については、指定管理制度等も出てきていますが、これもただコストダウンを狙っているだけのものがほとんどです。

しかし、公共施設の単なる整理・統合・縮小と維持運営管理コストの削減だけで良いのでしょうか。単なる縮小ではダメです。単なるコストダウンでは不十分です。公共施設を集めて減らして、そして、生かすことが大事です。公共施設の利用・運営・維持・管理について、根本的な変化が求められているのだと思います。そもそも、公共施設は、公共が所有し運営するものなのでしょうか。まちの中には民間型公共施設と呼んだほうが良い施設がたくさんあります。カフェ、バル、バール、パブ、喫茶店、立ち飲み屋、等の店舗がまさにそうです。これらはまちの中の交流場所であり、休憩場所であり、飲食の場であり、そして通りを行き来する人を見守る場所でもあります。これらの民間型公共施設が道とつながってまちの中にあることが、どれほど大事なことでしょうか。民間型公共施設の特徴は、民間が所有し民間が運営していることにあります。これらの施設には、税金は全く使われていません。それなのに、市民生活に必要不可欠で、市民生活を豊かに保っている装置なのです。

　民間型公共施設がまちの豊かさを決めています。それは、公共施設、道路、広場、公園、図書館、市役所などをつくって、これらと民間型の公共空間が合体しているまちは良いまちだと感じることを意味しています。
　今までは、公共施設は公共施設、そこに民間型公共空間を入れるわけにはいかないと突っ張っていたわけですが、これをちょっと変えて公民の境目をなくすだけで、豊かな暮らしができるまちになります。公共施設と民間型公共施設を合体させると豊かな公共サービスが提供できる、それだけです。この糊代のところが重要です。公共側から民間側に糊代を伸ばす。民間側も、自分の商売のためだと言って空間を壁で閉鎖しないで、店の中まで公共空間を伸ばすという考え方をしてみましょう。両者の糊代が上手に重なると良いまちが構成されていきます。

　また、あらゆる公共施設の整理・統合や新設を考える際、公共施設の運

営管理を、一旦、民間主導で組み立て直してみる必要があると思います。その際、パブリックマインドを持つ民間組織の役割が極めて大切です。しっかりした民間組織があれば、民間自立型の公共施設運営が可能になります。もしない場合は、パブリックマインドを持つ民間組織を育成する必要があります。

　これまでのように、単目的の公共施設を独立した敷地内に建てる単目的・敷地主義の公共施設のあり方を変えなければならない時代を迎えています。ハコモノ公共施設の約半分の床面積を占める学校施設についても同様です。多くの学校は、生徒が少なくなり教室が余っています。廃校も続出しています。これらを活用して、新しいタイプの民間主導の公共施設、すなわち公民連携施設にしていったらよいと思います。その際、塀で囲んで牢獄のようにした学校を開くべきだと思います。もちろん生徒たちの安全を確保することは当然のことです。

　岩手県紫波町のオガールプロジェクトのオガールプラザの事例のように、公共施設と民間商業施設を合築して、合理的な運営管理を行い、賑わいをつくり出すことも必要です。公共施設は、集客施設でもあるからです。

　公共施設のリノベーションは、まちを再編する絶好のチャンスです。公共だけが公共施設を担うわけではありません。市民も自ら立ち上がり、自分のまちを持続するための公共施設をつくり、これを維持管理していきましょう。

column 06 稼ぐインフラ

　東日本大震災の被災地復興支援に行ったとき、大変驚いたことがあります。ある被災地の中心市街地を再興する際、どうやって自主財源を稼ぐかという課題を出しました。多くの自治体の自主財源の柱は住民税（個人住民税、法人住民税）と固定資産税です。中心市街地を復興して、これらを増やすことを課題にしたわけです。出席者は、自治体職員の方々です。町役場職員、他都市から応援に来ている市役所職員、県庁職員、国の役人です。全員が、自主財源を稼ぐという課題を与えられたのは人生初体験というのです。初めての課題で、皆面食らっていました。これは、今まで全員が「税金を正しく公平に使う」ことだけを課題として与えられていたことを意味しています。「税金を稼ぎ税収を増やす」ことについては全くその方法も、その意味も考えたことがなかったのです。これは私にとっては衝撃的なことでした。国や自治体の経営は、言うまでもなく税金を頼りに成り立っています。いや、多くの場合すで

オガールプラザで開かれた稼ぐインフラシンポジウム

公民連携事業機構による『稼ぐインフラの実現』のパンフレット

第6章　公民連携型の都市経営へ

に破綻しているのですが。その根本は、今まで稼ぐことに全く無頓着だったことにあるのではないかと感じました。税金を徴収する担当の人たちも、上手に税金を徴収することにのみ熱心だったのではないでしょうか。

お金は天から降ってくるものではなく、地から湧いてくるものでもありません。民間が稼いだお金の一部を国や自治体の運営のために税金として支払っているのです。そして、社会が維持され、安全な生活ができ、豊かな生活が営まれてきました。行政側は、上手に民間に稼いでもらうことを考えなければならないわけですが、そのためにはどうしたらいいのでしょうか？　参加者の方々がケンケンガクガク議論し始めました。具体的に何をしたら稼げるのかを考えてもらいましたが、残念ながらとても陳腐な、事業とは言えないようなレベルの提案でした。私たちは、今まで事業をしたことがないから、利益を得てはいけないから、官が民業に乗り出しては不公平ではないか、と次々に言い訳ばかりが飛び出しました。いやはや、残念なことですがこれが実態なのです。

公は本当に稼いではいけないのでしょうか。地域の中の民間の人たちが稼ぎやすいようにして、そこから税金を獲得してはいけないのでしょうか。公共が所有する遊休化した資産を活用して稼いではいけないのでしょうか。どうも、公が稼ぐことは悪いことだという意識が蔓延しているかのようです。いつからこんなにひ弱な考え方をするようになってしまったのでしょうか。

例えば、公が稼ぐとはどういうやり方があるのでしょうか。現在から将来にかけて地方財政を圧迫する大きな要因の一つである医療介護費を削減することが本当にできないのでしょうか。もちろん、健康状態を今より良く保ちながら、医療介護費を減らすのです。

大槌町での復興まちづくりブートキャンプの様子

中心市街地に大量に発生している遊休化した不動産を活用して都市型産業を集積させ、雇用をつくり出す。また都心に居住してもらうことができないでしょうか。

　生活コストの中で相当の比重を占めるエネルギー代、燃料代やガソリン代を減らすことはできないでしょうか。化石燃料代を減らし、地場の森林資源を活用することはできないでしょうか。

　支出を減らして、収入を増やす。これらは、どのまちでもやれることです。パブリックマインドを持つ民間と意識改革した行政が一緒になればできることです。

　まちづくりの場面では、公共と民間は決して対立するものではありません。道路と敷地がつながって初めてまちが成立しているのです。市役所、図書館などの公共施設は日常的な集客装置です。現在は、こうした公共施設が単独で建てられています。公共施設と、商業施設のマッチングは極めて良いはずです。まちの中心をつくるとき、公共施設と民間施設、商業施設を合わせると集客の効果が倍増します。公と民の境目を取り外し、利用しやすく、機能が良く、サービスの良い新しい公共施設をつくってみてはどうでしょうか。道という公共空間についても、路上にカフェができて、店内と路上がつながると、雰囲気の良い街路が出来上がります。公と民が一つにつながるとき、そこに新しいまちの可能性が見えてきます。そしてそこから稼ぎがつくり出されてくるのです。もっと、まちを使い尽くしてそこから稼ぎをつくり出しましょう。

　民間側は、補助金に頼るまちづくりを、もうやめましょう。行政に頼ることなく自立してまちづくりの事業をパブリックマインドを持ってどんどん行っていきましょう。公共性があることを事業として行うことが、ビッグビジネスをつくり出すもとになるかもしれません。GoogleだってFacebookだってそうなんじゃないんでしょうか。初めから儲けだけを狙っていてもビックビジネスにはなり得ないと思います。パブリックマインドを持ってまちづくりの事業を行う。そしてきちんと稼ぎましょう。稼いだお金を持ってまちづくりに再投資しましょう。

おわりに──家守事業はどこでもできる

　東京だから家守事業ができる。政令市だから家守事業ができる。県庁所在地だから家守事業ができる。人口10万人以上の都市だから家守事業ができる。最近までずっとこんなことを言われ続けてきました。決してそうではありません。
　家守事業は、どのまちでもできます。人口規模にはほとんど関係ありません。志を持つ不動産オーナーと家守チームさえいれば、家守事業ができます。民間の人が家守事業を始めたければ、家に閉じこもって考えてばかりではダメです。まちに出て、志を持つ不動産オーナーを見つけましょう。腹を割って話せる仲間3、4人で家守チームをつくりましょう。そして、エリアを変えるコンセプトを背負ったプロジェクトを、志を持つ不動産オーナーとともに実行しましょう。まず、民間主導で家守事業を実践し実績をつくりましょう。そうすると公共側と連携するチャンスが巡ってきます。民間主導で公民連携するステージです。

　公共側の人が、民間の方々による家守事業を始めやすくするには、まず家守事業、すなわちリノベーションまちづくりの啓発活動を行うことです。その中で、志を持つ不動産オーナーと家守候補者を見つけ出すことです。真に自立力を持つ市民は誰かを見極めるプロセスです。ほとんどのまちに、志を持つ不動産オーナーと家守候補者がいます。初めは少数かも知れませんが、この数は次第に増えていきます。そして、彼らとよく話し合って、民間主導で家守事業を始めてもらうことです。補助金をつけるのをじっと我慢してください。民間が投資して、5年以内の目標で投資が回収できるかどうかが、自立可能かどうかの分かれ目です。民間の自立力を伸ばしてやってください。

本書は、そうするときの民間側と、公共側のやり方を伝えるために書いたものです。民と公が連携して今あるまちを変え、もっと楽しく、もっと暮らしやすく、もっとリラックスできるまちにしてほしいのです。プロジェクトを成功させるにはどうしたらいいか。その答えは、「成功するためには、成功するまでやり抜くこと」です。やってみる、そうすると必ず反応が出てきます。反応を見て修正すべき点があれば修正する、そのプロセスを大切にしてください。これを続けていけば、必ず成功します。まちづくりのPDCAサイクルを回していけば良いのです。

　私たちは今、「自分の暮らしを自分の手でつくる時代」を迎えています。リノベーションスクールに集う各都市の20代、30代の男女が徹夜しながらまとめ上げるリノベーション事業提案を見ていると、強く感じることです。それは、今までは一般的に信じられていた誰もが同じような人生のコースをひた走りするような生き方とは、全く異なる新しい生き方です。
　どうして通勤地獄を毎日繰り返さなければいけないの？　どうして新築の家がいいの？　どうして偏差値ばかりを気にしなければいけないの？　どうして原発は必要なの？　どうして婚外子を普通の子どもと同じ扱いにしないの？　どうして出荷する野菜に農薬を使うの？
　「どうしてなの？」に端を発するこれまでのやり方に対する素朴な疑問符を大切にした、自分の暮らしを自分の手でつくる動きが、若い世代から巻き起こり始めているのです。それも、徒党を組んで力には力をではなく、もっと穏やかに大人のやり方で、楽しみながら共に進めていくような仕方で。

　家守事業、リノベーションまちづくりは、どんなまちでも、しなやかで強い意志を持つ人たちとともに、公民の境目なく進んでいくと思います。

清水義次

清水義次（しみず よしつぐ）

都市再生プロデューサー。
神田・裏日本橋、新宿歌舞伎町、北九州市小倉などで現代版家守業の実践に挑む。岩手県紫波町では、まちの中心をつくるオガールプロジェクトに携わっている。株式会社アフタヌーンソサエティ代表取締役、公民連携事業機構代表理事、3331 Arts Chiyoda 代表、東洋大学経済学部大学院公民連携専攻客員教授。

リノベーションまちづくり
不動産事業でまちを再生する方法

2014 年 9 月 1 日　第 1 版第 1 刷発行
2014 年 11 月 10 日　第 1 版第 2 刷発行

著　者　………　清水義次
発行者　………　前田裕資
発行所　………　株式会社 学芸出版社
　　　　　　　　〒600-8216
　　　　　　　　京都市下京区木津屋橋通西洞院東入
　　　　　　　　電話 075-343-0811
　　　　　　　　http://www.gakugei-pub.jp/
　　　　　　　　E-mail info@gakugei-pub.jp

装　丁　………　上野かおる
印　刷　………　イチダ写真製版
製　本　………　山崎紙工

Ⓒ Yoshitsugu Shimizu　2014
ISBN978-4-7615-2575-0　　　　　　　　　　　　　　　Printed in Japan

JCOPY 〈(社)出版者著作権管理機構委託出版物〉
本書の無断複写（電子化を含む）は著作権法上での例外を除き禁じられています。複写される場合は、そのつど事前に、(社)出版者著作権管理機構（電話 03-3513-6969、FAX 03-3513-6979、e-mail: info@jcopy.or.jp）の許諾を得てください。
また本書を代行業者等の第三者に依頼してスキャンやデジタル化することは、たとえ個人や家庭内での利用でも著作権法違反です。

好評発売中

コンバージョン、SOHOによる地域再生

小林重敬 編著
A5判・208頁・定価 本体2200円+税

空室が増え続ける中小ビルが密集する既成市街地は、大規模開発による都市再生では救えない。打開のためには勃興著しいIT産業等が利用しやすい小オフィス（SOHO）にビルを転換（コンバージョン）し、同時に小オフィスが相互に連携する仕組みづくりが必要だ。注目の神田秋葉原、大阪船場の官民共同による地域再生の手法を紹介。

タウンマネージャー
「まちの経営」を支える人と仕事

石原武政 編著
四六判・236頁・定価 本体2200円+税

中心市街地を一つのショッピングセンターのように「経営」するタウンマネージャーが注目を集めている。イベント、開業支援やハード事業など方法は様々だが、共通するのは「補助金とボランティア頼み」から「自立する」まちづくりへの転換だ。仕事の実際からその能力の活かし方まで、各地で活躍する9人の実践から明らかにする。

中心市街地活性化のツボ
今、私たちができること

長坂泰之 著
四六判・232頁・定価 本体2000円+税

中心市街地の衰退が止まらない。緩すぎる郊外規制等の外部要因はすぐには変えられないが、我々が今できることは何なのか？郊外拡散を規制し中心市街地を一体的に運営する「タウンマネジメント」の必要性と日本各地の先進事例に見る活性化の「七つのツボ」を提示、都市計画・商業双方の視点に立つ論客による実践書の決定版！

RePUBLIC　公共空間のリノベーション

馬場正尊＋Open A 著
四六判・208頁・定価 本体1800円+税

建築のリノベーションから、公共のリノベーションへ。東京R不動産のディレクターが挑む、公共空間を面白くする仕掛け。退屈な公共空間をわくわくする場所に変える、画期的な実践例と大胆なアイデアを豊富なビジュアルで紹介。誰もがハッピーになる公園、役所、水辺、学校、ターミナル、図書館、団地の使い方を教えます。

フラノマルシェの奇跡
小さな街に200万人を呼び込んだ商店街オヤジたち

西本伸顕 著
四六判・216頁・定価 本体1600円+税

ドラマ「北の国から」で有名観光都市となるも、衰退する一方だった富良野の中心市街地。危機感を持った「まちの責任世代」と称するまちづくりの素人オヤジたちが立ち上がった！　様々な壁を乗り越え、約2万4000人のまちで200万人を集める複合商業施設「フラノマルシェ」を実現。まちを守り抜くために走り続ける男たちの物語。

中心市街地の再生　メインストリートプログラム

安達正範・鈴木俊治・中野みどり 著
A5判・208頁・定価 本体2300円+税

中心市街地の歴史的建築の保全・活用と経済活性化を組み合わせ、全米1900地区で実績を上げているメインストリートプログラム。地元主体で組織をつくり、中心市街地をマネジメントする、その理念や運用手法は、日本の中心市街地再生に欠落しているものを明らかにし、真の再生に向けて重要な示唆、ノウハウを教えてくれる。

建築・まちづくりの情報発信
ホームページもご覧ください

✎ WEB GAKUGEI
www.gakugei-pub.jp/

学芸出版社 — Gakugei Shuppansha

- 📄 図書目録
- 📄 セミナー情報
- 📄 著者インタビュー
- 📄 電子書籍
- 📄 おすすめの1冊
- 📄 メルマガ申込（新刊＆イベント案内）
- 📄 Twitter
- 📄 編集者ブログ
- 📄 連載記事など